Photoshop
UI交互设计

✳ PHOTOSHOP UI DESIGN

张晨起 主编

人民邮电出版社
北京

图书在版编目（CIP）数据

Photoshop UI交互设计 / 张晨起主编. -- 北京：
人民邮电出版社，2016.6（2022.6重印）
ISBN 978-7-115-41494-6

Ⅰ．①P… Ⅱ．①张… Ⅲ．①图象处理软件－程序设
计 Ⅳ．①TP391.41

中国版本图书馆CIP数据核字(2016)第015719号

内 容 提 要

　　本书囊括了各行业中 UI 设计的经验与准则，并结合大量实际设计案例，提出了很多有利于设计师从事 UI 设计的要素，例如网页 UI 设计、软件 UI 设计和手机 UI 设计，从基本的按钮设计制作到全面的播放器界面设计制作。全书以图文并茂且简单易懂的形式，为广大读者详细解读了用户界面设计的理念与方法。通过学习这些宝贵的设计经验与法则，读者同样可以设计出触动人心的作品。

　　本书共 6 章，以循序渐进的方式，全面介绍了 Photoshop 在界面设计方面的处理方法和技巧。第 1 章，UI 设计基础；第 2 章，图标设计；第 3 章，网页设计；第 4 章，软件界面设计；第 5 章，手机界面设计；第 6 章，播放器界面设计。全书划分得很详细，并将基础知识与案例相结合。

　　本书适合平面设计制作的初、中级读者、有一定 Photoshop 操作基础的读者阅读，也可以作为商业设计制作人员及相关专业师生的参考用书。

◆ 主　　编　张晨起
　　责任编辑　刘　博
　　责任印制　沈　蓉　彭志环
◆ 人民邮电出版社出版发行　　北京市丰台区成寿寺路 11 号
　　邮编　100164　　电子邮件　315@ptpress.com.cn
　　网址　http://www.ptpress.com.cn
　　北京捷迅佳彩印刷有限公司印刷
◆ 开本：787×1092　1/16
　　印张：12.25　　　　　　　2016 年 6 月第 1 版
　　字数：323 千字　　　　　2022 年 6 月北京第 14 次印刷

定价：59.00 元

读者服务热线：(010)81055256　印装质量热线：(010)81055316
反盗版热线：(010)81055315

21世纪是一个信息化时代，网络技术的运用和发展改变了大众对信息的接受方式，更改变了人们的生活、学习和工作方式。21世纪的平面设计不再仅仅是处理平面的问题，而是还要处理多媒体界面设计、网络视觉设计的内容。

本书主要采用基础知识与大量操作案例相结合的方法，系统详尽地向读者介绍了网页与界面设计领域各自的特点和要求，包括有哪些设计要点，以及怎样处理细节和质感等内容。

内容安排

本书共分为6章，每章所包含的主要内容如下。

第1章UI设计基础：主要介绍一些UI设计相关的理论知识、数字化图像的基础知识和Photoshop CC的基本操作。

第2章图标设计：主要介绍有关图标设计的理论知识和Photoshop CC中"图层"面板操作技法。图标是网页和各种软件界面中使用极为普遍的元素。

第3章网页设计：主要介绍一些网页设计相关的理论知识，包括网页界面设计的分类、网页界面构成元素和网页设计的原则等。

第4章软件界面设计：主要介绍软件界面设计方面的基础知识，包括软件界面设计的目的、基本分类和软件界面设计应该遵循的原则。

第5章手机界面设计：主要介绍手机界面设计相关基础知识，包括手机显示屏分辨率、色彩级别和手机界面的图标尺寸等内容。

第6章播放器界面设计：主要介绍播放器界面设计的理论知识和实际操作技巧。播放器界面的设计原则有统一性、创意性和视觉冲击力。

本书主要根据用户学习的难易程度，以及在实际工作中的应用需求来安排章节，真正做到为学习者考虑，也让不同程度的用户更有针对性地学习内容，强化自己的弱项，并有效帮助设计爱好者提高操作速度与效率。

本书特点

本书采用理论知识与操作案例相结合的教学方式，全面向读者介绍了不同类型质感处理和表现的相关知识和所需的操作技巧。

- **通俗易懂的语言**

本书采用通俗易懂的语言全面地向读者介绍了网页与界面设计领域所需的基础知识和操作技巧，确保读者能够理解并掌握相应的功能与操作。

前言 PREFACE

- **基础知识与操作案例结合**

  本书摈弃了传统教科书式的纯理论式教学，采用少量基础知识和大量操作案例相结合的讲解模式。

- **技巧和知识点的归纳总结**

  本书在基础知识和操作案例的讲解过程中列出了大量的提示和技巧，这些信息都是结合作者长期的设计经验与教学经验归纳出来的，它们可以帮助读者更准确地理解和掌握相关的知识点和操作技巧。

- **配套资源辅助学习**

  为了增加读者的学习渠道，增强读者的学习兴趣，本书提供了丰富的配套资源。在配套资源中提供了本书中所有实例的相关素材和源文件，以及书中所有实例的视频教学，使读者可以跟着本书做出相应的效果，并能够快速应用于实际工作中。读者可到人民邮电出版社教学服务与资源网（www.ptpedu.com.cn）上免费下载。或联系本书责编：liubo@ptpress.com.cn。

用户对象

本书适合平面设计制作的初中级读者、有一定Photoshop操作基础的读者阅读，也可以作为商业设计制作人员及相关专业师生的参考用书。

编者

2016年2月

目 录 CONTENTS

目 录 CONTENTS

目 录 CONTENTS

第1章 UI设计基础

UI即User Interface（用户界面）的简称，主要包括软件界面和人际交互界面等。本章将会概括地介绍一些UI设计的基础理论知识、数字化图像的相关知识，以及一些常用的Photoshop CC基础操作，以便用户展开深入学习。

1.1 了解UI设计

用户界面在我们的生活中随处可见，什么是用户界面？什么又是用户界面设计？用户界面主要包括哪些类型？用户界面的设计又有哪些具体的规则和要求？本节就向用户介绍一些用户界面设计相关的基础理论知识。

1.1.1 什么是UI设计

UI设计即为用户界面设计，全称User Interface。UI设计是为了满足专业化、标准化需求而对软件界面进行美化、优化和规范化的设计分支。具体包括软件启动界面设计、软件框架设计、按钮设计、面板设计、菜单设计、图标设计、滚动条和状态栏设计等，如图1-1所示。

图1-1

1.1.2 常见的UI设计分类

随着信息技术的高速发展，人们对信息的需求量不断增加，图形界面的设计也越来越多样化。UI设计主要可以分为手机界面设计、网站设计、软件用户界面设计和游戏界面设计等，不同类型的界面设计风格和特点各不相同。

手机界面设计

现如今，手机俨然已经成为普通大众的生活必需品，而手机的功能也越来越完善，很多高端手机的性能甚至与电脑不分高下。手机界面设计最大的要求就是人性化，它不仅要便于用户操作，还要美观大方。如图1-2所示为一些成功的手机界面设计作品。

图1-2

网站设计

近年来，随着电子商务的高速发展，国内网站设计行业也正在快速崛起。从最初的纯文本网页到版式古板、配色拙劣的网页，再到现如今的配色新奇、版式多元化的网页，网站设计得到了长足发展。网站界面设计必须具有独立性和创意性，能够最大限度地方便用户检索信息，从而提升用户的操作体验。如图1-3所示为一些成功的网站设计作品。

图1-3

软件用户界面

用户主要通过软件与各种机器设备进行交流，更确切地说，是通过软件界面达到这一目的。为了方便用户使用，软件界面的设计应该简洁美观、易于操作。如图1-4所示为一些成功的软件用户界面设计作品。

图1-4

播放器界面

如今，市场上的各种音乐播放器软件层出不穷，体验者们不再局限于追求软件的强大功能，更对软件界面风格提出了新的要求。如图1-5所示为两款成功的播放器界面设计作品，这两款界面无论在款式还是在质感上都极为出色。

图1-5

图1-5（续）

游戏界面

相较于其他软件界面来说，游戏界面通常都更加华丽、主题鲜明，三维效果应用非常普遍，具有较强的视觉震撼力。如图1-6所示为两款成功的游戏界面设计作品。

图1-6

1.1.3 导航栏和按钮的设计要点

导航栏和按钮都是网页中的重要元素。浏览网页时，我们主要通过导航栏和按钮跳转到不同的页面，检索需要的信息。制作网页时，导航栏和各种按钮应该给予最高级别的重视，下面分别是二者的设计要点。

导航栏

导航栏一般位于网页的上方，在与浏览者视

线持平的位置，所以导航栏设计得是否到位也会在很大程度上决定整个网页的成败，导航栏的设计主要有以下几个要点。

- 导航栏目不多的情况下，通常设计成一排，横竖都可以。当栏目超过6个以上时，可以考虑设计成两排。
- 导航栏目在很多的情况下也可以设计成多排，甚至是不规则的多排（一排个数不同，或长度不同）。商业设计或门户网站通常都会有多个频道，在设计时就需要考虑横向双排，因为使用竖排会占用太大的空间。
- 在网页内容不多的情况下，可能无所谓栏目，站点本身就包括了导航的具体内容。
- 多排导航未必一定要在一起，可以自由发挥想象，设计出更加灵活新颖的版式。
- 图片式导航比较美观，也更容易吸引浏览者，但占用空间比较大。
- 目前网站中使用较多的是Flash制作的导航栏，其体积小，且具有视觉冲击力。
- 包含信息较多的网站可以考虑使用快捷导航，即框架快捷导航，这样无论浏览者进入哪个页面都可以快速跳转到另外的栏目，这样更利于操作。如图1-7所示为一款漂亮的图片式导航栏。

图1-7

按钮

按钮被频繁地应用于网页和各种软件界面中，主要用来指示和引导用户完成相应的操作。按钮的体积虽然小，但却是浏览者使用较为频繁的元素，所以也应该得到充分的重视。一款漂亮的按钮可以增加整个UI界面的趣味性，从而提升

用户体验。网页中按钮的设计主要有以下几个要点。

- 按钮要与页面的整体效果相协调，不能喧宾夺主。
- 如果页面中的内容单一，比如包含大片的文字，那么应该使用漂亮醒目的按钮来点缀。
- 图片与字体的搭配，要考虑文字是否易读，色彩搭配是否协调统一等问题，整个页面的颜色最好不要超过4种。
- 很长的按钮可能是框架的分解，因此要尽量设计得纤细一些，否则版面会有奇怪的失重感。如图1-8所示为一套设计精美的网页按钮。

图1-8

1.1.4　UI设计的重要性

软件界面设计是产品设计的重要组成部分，是用户对界面的体验和信息交互意愿。一个美观友好的界面能够给用户带来舒适的操作体验，从而为商家创造卖点。用户界面是人机之间沟通交流的平台，所以用户界面设计应该和用户研究紧密联系，它是一个不断为最终用户设计满意视觉效果的过程。

界面设计的原则

- 简易性：用户界面设计应该简洁、易于操作使用、易于了解，并能减小用户发生错误操作的可能性。
- 可控性：可控性是用户界面设计的重要条件，即用户想要进行什么操作，就一定让它做到，并且要有相应的操作提示。
- 一致性：一致性是指界面的设计风格必须

和页面内容协调一致，颜色的搭配要符合人们的视觉习惯，同一界面的不同板块和同一板块的不同位置都要保持一致性，如图1-9所示。

图1-9

- 安全性：用户可以自由地做出选择，且所有选择都是可逆的。在用户做出危险的选择时有信息介入提示。
- 人性化：要尽可能考虑到特殊用户的操作体验，如残疾人、色盲色弱等，以提高用户操作效果和操作满意度。
- 灵活性：简单来说就是要让用户方便地使用。

界面设计是浏览者接触网页的第一印象，所以它的设计风格要与整体页面相一致，颜色的搭配要符合人们的视觉习惯，并与页面的整体色调相协调。其中字体的选用不要过于花哨，平常的字体即可。

1.1.5　了解交互的概念

交互是指人与机之间的交互工程。人机交互是一门研究系统与用户之间交互关系的学问，这里的系统可以是计算机化的系统或软件。

图形界面通常是指用户可见的部分，是人与软件之间传递和交换信息的媒介。交互与图形界面之间有着紧密的联系，但二者又是两个完全不同的概念。

1.2　数字化图像的基础

日常生活中，人们总会和各种各样的图片打交道，这些图片来自不同的渠道，它们的颜色、格式、体积和用途都不尽相同。本小节简单介绍一些常用的数字化图像的基础知识，帮助用户理解更深层次的概念和操作。

1.2.1　常见图像格式

图像的格式多种多样，而各种图像存储格式各有优势和缺点，实际工作中，用户应该根据图像的具体用途选择图像的存储格式。如图1-10所示为不同图像格式的图标，下面将对常用的图像格式做简单介绍。

- JPEG格式。

JPEG格式是目前市面上最常使用的存储格式，它可以提供优质照片质量的压缩格式，是目前所有图像格式中压缩率最高的，所以这种格式的文件体积极小。JPEG格式会丢掉一些数据，保存后的照片品质会降低，但是人眼难以分辨，所以并不会影响普通的浏览。

- PNG格式。

PNG格式主要应用于网络图像，可以保存24位真彩图像，并且支持透明背景和消除锯齿功能，它还可以在不失真的情况下压缩保存图像。

- GIF格式。

GIF格式使用的压缩方式会将图片压缩得很小，非常有利于在互联网上传输，此外它还支持以动画方式存储图像。GIF格式只支持256种颜色，而且压缩率较高，在存储颜色线条非常简单的图片时非常有优势。

- BMP格式。

BMP格式最早应用于微软公司的Windows操作系统，是一种Windows标准的位图图形文件格式。它几乎不压缩图像数据，图片质量较高，但文件体积也相对较大。

- TIFF格式。

TIFF格式便于在应用程序和计算机平台之间进行数据交换，是一种灵活的图像格式。这种图像格式是非破坏性的存储格式，占用的存储空间较大。如果图像需要出版印刷，则建议存储为TIFF格式。

JPEG图像　　　PNG图像

GIF图像　　　BMP图像

TIFF图像

图1-10

1.2.2 常见图像模式

在Photoshop中，"图像模式"和"颜色模式"是一个概念，Photoshop CC中共包括9种颜色模式，分别为RGB模式、CMYK模式、Lab模式、HSB模式、位图模式、灰度模式、多通道模式、双色调模式和索引颜色模式，本小节介绍最常用的几种。

- RGB颜色模式。

RGB模式是数码图像中最重要的一个模式。RGB模式为24位颜色深度，该模式的图像有红、绿和蓝三个颜色通道，每个通道都有8位深度，3个通道合在一起共可生成16770000种颜色，我们称之为"真彩色"。如图1-11所示为RGB颜色模式图像及其"通道"面板。

图1-11

- CMYK颜色模式

CMYK模式是用来打印或印刷的模式，这种格式的图像有青、洋红、黄、黑四个颜色通道，Photoshop CC的很多功能不支持CMYK模式。RGB模式的色域范围比CMYK模式大，因此印刷颜料在印刷过程中不能重现RGB色彩。如图1-12所示为CMYK颜色模式图像及其"通道"面板。

图1-12

- Lab颜色模式

Lab模式也是一个很重要模式，该模式图像同样拥有3个通道，一个亮度通道L和两个颜色分量通道a和b。Lab模式是色域范围最广的颜色模式。

- 灰度模式

灰度模式是8位深度的图像模式，它在全黑和全白之间插有254个灰度等级的颜色来描绘灰度模式的图像。所有模式的图像都能换成灰度模式，甚至位图也可转换为灰度模式。Photoshop CC中几乎所有的功能都支持灰度模式。

1.2.3 常见图像类型

计算机的数字化图像分为两种类型，即位图和矢量图，而Photoshop CC主要用来处理位图。

- 位图图像。

位图图像也称为点阵图，它最基本的单位是像素，像素呈方块状。因此，位图是由许许多多的小方块组成的。位图图像可以表现丰富的色彩变化并产生逼真的效果，很容易在不同软件之间交换使用，但它在保存图像时需要记录每一个像素的色彩信息，所以占用的存储空间较大，在进行旋转或缩放时会产生锯齿，如图1-13所示。

图1-13

- 矢量图像。

矢量图像是由称作矢量的数学对象定义的直线和曲线构成的，它最基本的单位是锚点和路径，平常所见到和使用的矢量图形作品是由矢量软件创建的。

矢量图形与分辨率无关，它最大的优点是占用的存储空间较小，并且可以任意旋转和缩放而不会影响图像的清晰度。对于将在各种输出媒体中按照不同大小使用的图稿，例如Logo和图标等，矢量图形是最佳选择，矢量图形的缺点是无法表示出如照片等位图图像所能够呈现的丰富的颜色变化，以及细腻的色调过渡效果，如图1-14所示为矢量图，放大后仍然能够显示出清晰的线条。

图1-14

1.3 初识Photoshop CC

Photoshop是目前市面上使用最为普遍的图像处理与合成软件，最新的版本为Photoshop CC，本书中的全部操作实例都将使用Photoshop CC完成。

在使用Photoshop CC进行设计操作之前，首先需要将该软件安装到计算机中，然后双击桌面上的快捷方式图标即可成功启动Photoshop CC。

如图1-15所示为Photoshop CC的工作界面。

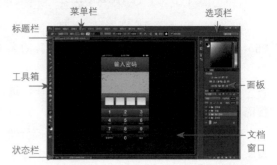

图1-15

- 菜单栏。

菜单栏中包含了各种可执行的命令。Photoshop CC的菜单栏中共包括11个菜单，分别为文件、编辑、图像、图层、文字、选择、滤镜、3D、视图、窗口和帮助。

- 标题栏。

标题栏中会显示文档名称、文件格式、颜色模式和文件缩放比例等信息。如果文档中包含多个图层，则标题栏中还会显示当前被选中的图层名称。

- 工具箱。

工具箱中存放着Photoshop CC中的全部工具，用户可以单击选择不同的工具进行操作与编辑。

- 状态栏。

状态栏中显示文档大小、文档尺寸和文档缩放比例等信息。

- 文档窗口。

即图像的显示区域，主要用于编辑和修改图像。

- 面板。

Photoshop CC中共有26个面板，主要用于对各种工具和功能进行更加精确的设置，用户可以在"窗口"菜单中找到这些面板。

- 选项栏。

选项栏包含不同的参数，用于设置当前工具的属性，具体参数会随着所选工具的不同而不同。

1.3.1 优化配置Photoshop CC

相对于其他类型的专业软件来说，Photoshop CC算得上是一个消耗系统资源的大户。为了使Photoshop CC的运行能够更加流畅，各个功能都能正常使用，我们需要在操作前进行简单的设置。

Photoshop CC在运行时，需要使用一部分硬盘来进行图像的临时存储。如果打开的文件过多，就可能出现暂存盘不足的问题，这会导致程序强制关闭，造成数据丢失。

Photoshop CC默认的暂存盘为C盘，默认保存的历史记录为20步，用户可以根据自身需求更改这些设置。

执行"编辑>首选项>性能"命令，弹出"首选项"对话框，提高"历史记录状态"的数值，并将剩余容量大、不常使用的本地磁盘指定为暂存盘，如图1-16所示。

图1-16

执行"编辑>首选项>文件处理"命令，弹出"首选项"对话框，提高"近期文件列表包含"的数值，如图1-17所示。

图1-17

1.3.2 文件的基本操作

Photoshop CC文件的基本操作主要包括新建

文件、打开文件和存储文件。

新建文件

若要创建空白画布，执行"文件>新建"命令，弹出"新建"对话框，如图1-18所示。用户可以在该对话框中指定新文件的名称、大小、分辨率和颜色模式等属性。

图1-18

打开文件

- 执行"文件>打开"命令，或按快捷键【Ctrl+O】，弹出"打开"对话框，如图1-19所示。在对话框中浏览并选择需要打开的单个或多个文件，单击"打开"按钮即可将其打开，如图1-20所示。

图1-19

图1-20

- 打开文件所在的文件夹，将需要打开的文件选中，然后直接拖动到Photoshop CC界面中，同样可以打开文件，如图1-21和图1-22所示。

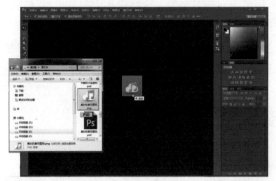

图1-21

图1-22

- 如果在Photoshop CC中保存或打开过文件，在"文件>最近打开文件"列表中就会显示以前编辑过的图像文件。用户可以通过执行"文件>最近打开文件"命令来快速打开最近使用过的文件。

存储文件

- 若要存储文件，执行"文件>存储"命令，弹出"存储为"对话框，如图1-23所示。用户可在该对话框中指定文件存储的位置、存储名称和存储格式等。若当前文档已经保存过，则执行该命令会直接覆盖之前的数据。
- 执行"文件>存储为"对话框，或按快捷键【Ctrl+Shift+S】，弹出"存储为"对话框。用户可以在此设置各项参数值，将当前文件另存。

图1-23

课堂练习

①1 执行"文件>新建"命令，新建一个400像素×400像素的透明画布，如图1-24所示。

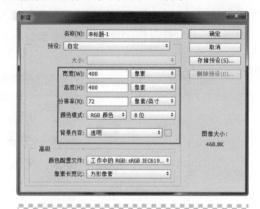

图1-24

②2 将素材"简单立体图标.jpg"文件拖入到画布中，图像效果如图1-25所示。

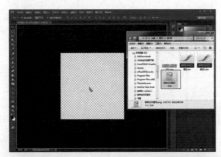

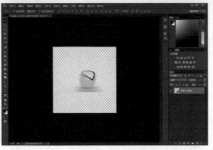

图1-25

（03）执行"文件>存储"命令，弹出"存储为"对话框，将文件存储为JPEG格式，存储效果如图1-26所示。

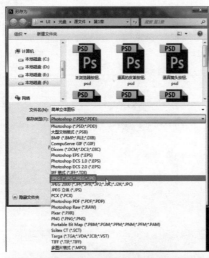

图1-26

1.3.3 图像的变换

使用Photoshop CC进行设计制作时，经常需要对各种对象进行变换，例如移动位置，缩放、旋转和翻转图像等。这些操作大部分可以通过执行"编辑>变换"命令来完成。

- 移动图像：若要移动图像的位置，则应在"图层"面板中选中相应的图层，然后使用"移动工具"拖拽图像到合适的位置即可。此外，用户还可以通过键盘上的4个方向键精确调整图像位置。

- 缩放图像：若要对图像进行放大或缩小，则应先选中相应的图层，执行"编辑>变换>缩放"命令。

- 旋转图像：若要旋转图像，则应先选中相应的图层，执行"编辑>变换>旋转"命令。

- 斜切/扭曲图像：若要斜切或扭曲图像，则应先选中相应的图层，执行"编辑>变换>斜切/扭曲"命令，然后分别选择变换框四边的控制点移动位置。

- 透视：若要对图像进行透视，则应先选中相应的图层，执行"编辑>变换>透视"命令，然后拖拽变换框四边的控制点。

- 变形：若要对图像进行变形，则应选中相应图层，执行"编辑>变换>变形"命令，拖拽任意一条变形线或控制点进行自定义变形，或者在"选项"栏中选择一种系统预设进行应用。

- 翻转图像：若要水平或垂直翻转图像，则应选中相应的图层，执行"编辑>变换>水平翻转/垂直翻转"命令。

缩放、旋转、斜切/扭曲、透视、变形和翻转图像效果如图1-27所示。

原图　　　　　　　缩放

图1-27

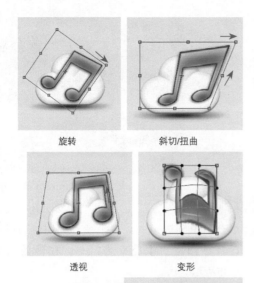

旋转　　　　　　斜切/扭曲

透视　　　　　　变形

翻转

图1-27（续）

> 提示：为了提高操作效率，用户可以执行"编辑>自由变换"命令，或按快捷键【Ctrl+T】，然后单击鼠标右键切换不同的变换命令进行应用。

1.3.4　设置前景色和背景色

设置前景色和背景色也是使用极其频繁的操作。在Photoshop CC中，用户可以通过3种方式设置前景色和背景色，分别为使用"拾色器"对话框，使用"颜色"面板和使用"色板"面板。

使用"拾色器"对话框

在"工具箱"中单击"前景色"或"背景色"色块，弹出"拾色器"对话框，如图1-28所示。用户可以直接在对话框中单击选取不同的颜色，或者在右侧输入精确的RGB数值。

> 提示：按快捷键【D】可以将当前前景色和背景色恢复到默认的黑色和白色；按快捷键【X】可以交换当前前景色和背景色。

使用"颜色"面板

使用"颜色"面板设置颜色与在拾色器中的操作方法有一定的相似之处，用户同样可以选择不同的颜色模式来设置颜色。

执行"窗口>颜色"命令打开"颜色"面板，如图1-29所示。在默认情况下，"颜色"面板提供的是RGB颜色模式的滑块，用户可以通过鼠标拖动滑块或在文本框中输入精确的数值来设置颜色。

> 提示：若要更改颜色设置模式，则可单击"颜色"面板右上方的 按钮，然后在弹出的面板扩展菜单中选择需要的模式。

图1-28

图1-29

使用"色板"面板

"色板"面板可存储用户经常使用的颜色，也可以在面板中添加和删除预设颜色，或者为不同的项目显示不同的颜色库。

执行"窗口>色板"命令打开"色板"面板，如图1-30所示。直接在面板中单击相应的小色块，即可将该颜色指定为新的前景色。

若要将当前前景色创建为新的色板，则可单击面板下方的 按钮，然后为新色块指定名称，将该颜色添加到"色板"面板中，方便以后随时取用。

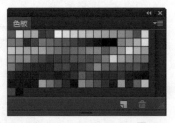

图1-30

实战1 绘制简洁的开机按钮

本实例制作了一款简洁的开机按钮，按钮的底座使用"椭圆工具"和各种图层样式创建而成。按钮上的图标则使用"椭圆工具"和"矩形工具"配合创建而成。

总体来说，制作这款按钮的操作步骤比较简单，制作时应仔细调整每个形状的位置。最终效果如图1-31所示。

图1-31

使用到的技术	椭圆工具、路径操作、图层样式，渐变工具
学习时间	20分钟
视频地址	视频\第1章\简洁开机按钮.swf
源文件地址	源文件\第1章\简洁开机按钮.psd

01 执行"文件>新建"命令，弹出"新建"对话框，新建一个空白文档，如图1-32所示。设置"前景色"为RGB（209、194、180），按快捷键【Alt+Enter】为画布填充该颜色，效果如图1-33所示。

图1-32

图1-33

02 新建"图层1"，使用"渐变工具"为画布填充白色到透明的线性渐变，如图1-34所示。设置该图层"填充"为20%，图像效果如图1-35所示。

图1-34

图1-35

> **提示**："图层"面板中的"不透明度"和"填充"都可以用来控制图像的不透明度，设置之前先选中相应的图层。

03 使用"椭圆工具"在画布中创建一个"填充"为RGB（187、170、155）的正圆，如图1-36所示。双击该图层缩览图，弹出"图层样式"对话框，选择"描边"选项进行相应设置，如图1-37所示。

图1-36

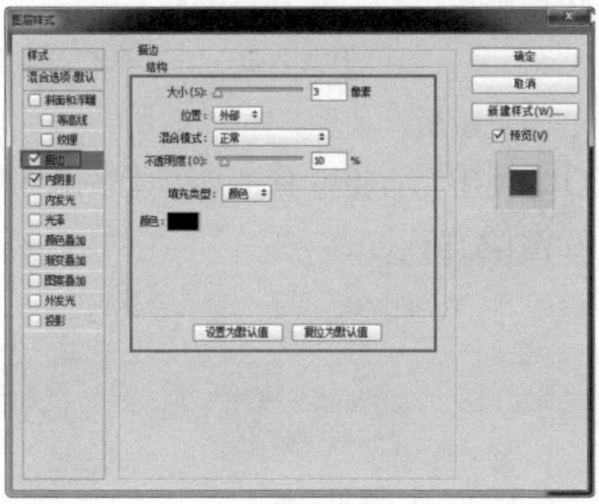

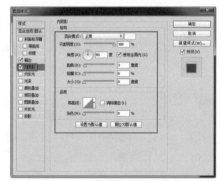

图1-37

04 继续在对话框中选择"内阴影"选项进行相应设置，如图1-38所示。在对话框中选择"渐变叠加"选项进行相应设置，如图1-39所示。

图1-38

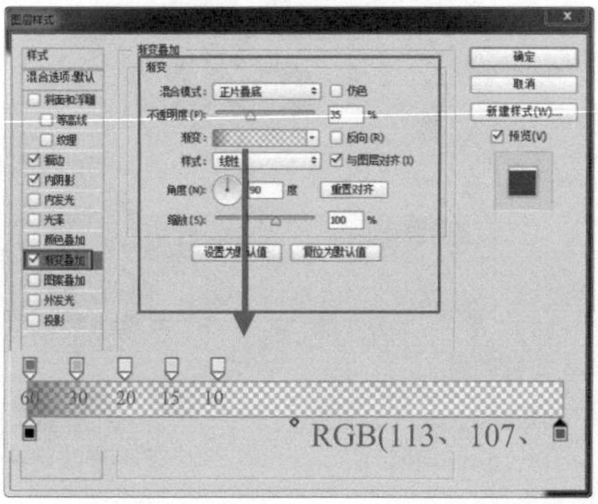

图1-39

05 设置完成后单击"确定"按钮，得到图形效果，如图1-40所示。按快捷键【Ctrl+J】复制该形状，修改其"填充"为RGB（250、248、246），并将其向左上微移，如图1-41所示。

图1-40

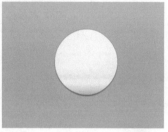

图1-41

06 再次复制该形状，按快捷键【Shift+Alt】将其等比例缩小，如图1-42所示。双击该图层缩览图，弹出"图层样式"对话框，选择"描边"选项修改参数值，如图1-43所示。

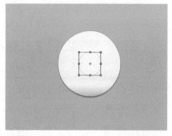

图1-42

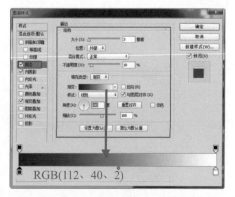

图1-43

07 双击该图层缩览图，弹出"图层样式"对话框，选择"渐变叠加"选项进行相应设置，如图1-44所示，图形效果如图1-45所示。

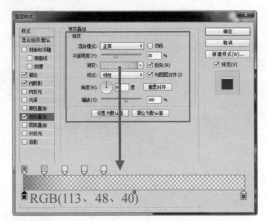

图1-44

图1-48

09 使用"椭圆工具"，设置"路径操作"为"合并形状"，制作出圆角，如图1-49所示。使用"圆角矩形工具"，设置"路径操作"为"合并形状"，在缝隙中创建一个"半径"为20像素的圆角矩形，如图1-50所示。

10 使用"直接选择工具"适当调整图形形状，如图1-51所示。

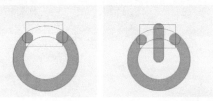

图1-49　　　　　　　　　　图1-50

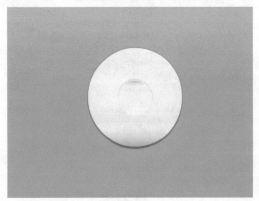

图1-45

08 使用"椭圆工具"在按钮正中创建一个"填充"为RGB（254、179、99）的椭圆，如图1-46所示。在"选项"栏中设置"路径操作"为"减去顶层形状"，创建出如图1-47所示的圆环。相同方法使用"矩形工具"创建出如图1-48所示的形状。

图1-51

11 双击该图层缩览图，弹出"图层样式"对话框，选择"内阴影"选项设置参数值，如图1-52所示。继续在对话框中选择"投影"选项设置参数值，如图1-53所示。

图1-46　　　　　　　　　　图1-47

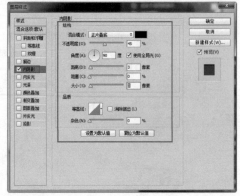

图1-52

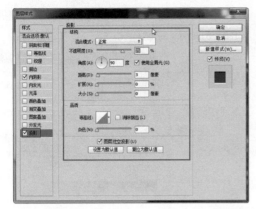

图1-53

⑫ 设置完成后单击"确定"按钮，得到图形
效果，如图1-54所示。使用"椭圆选框工具"
在图像中创建一个羽化10像素的选区，如图
1-55所示。

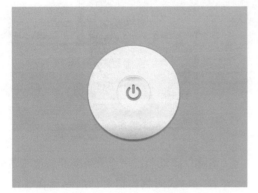

图1-54

图1-55

⑬ 在"图层1"上方新建"图层2"，为选区
填充颜色RGB（113、107、100），如图1-56所
示。设置该图层"填充"为70%，使投影效果更
自然，如图1-57所示，至此完成制作该按钮的全
部操作过程。

图1-56

图1-57

⑭ 隐藏"背景"图层，执行"图像>裁切"命
令，裁掉图像周围的透明像素，如图1-58所示。
执行"文件>存储为Web所用格式"命令，弹出
"存储为Web所用格式"对话框，对图像进行优
化存储，如图1-59所示。

图1-58

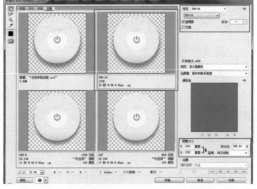

图1-59

15

1.3.5 按钮的应用格式

在使用Photoshop CC制作简洁的开机按钮后，还要将其存储为Web所用格式的文件，才能应用于网页。常用的Web所用的格式有JPG、PNG和GIF，下面是对这几种格式的详细介绍。

- JPG/JPEG格式。

JPEG格式是最常见的图像格式，它可以在保证图像显示效果的情况下，对数据进行大幅压缩，它拥有所有格式文件中最高的压缩率。

JPG格式不支持透明，如果按钮中不包含透明像素，且颜色比较丰富，那么使用JPG格式存储是非常不错的选择。

- PNG格式。

PNG格式支持256种真彩色，支持完全透明，而且压缩比率相对较高，因此被广泛应用于网络传输。

如果按钮中包含透明像素，而且有丰富的颜色过渡，或者明显的半透明阴影和发光效果，那么使用PNG存储比较合适。

- GIF格式

GIF格式的压缩率比较高，因此文件体积比较小。它只能将其中一种或几种颜色设置为透明，不支持真彩色，其最大的特点是可以用来制作动态图像。

如果按钮中包含透明图像，但没有半透明阴影和发光等效果，且使用的颜色和线条极其简单，那么使用GIF 格式存储可以得到体积很小的文件。

1.3.6 实现不同的渐变效果

渐变色可以实现多个颜色之间平滑过渡的填充效果，在UI设计中使用得极为频繁。在Photoshop CC中，用户可以通过多种方法创建渐变色，这里仅以最基础的“渐变工具”为例，讲解渐变色的设置方法。

使用“渐变工具”，在“选项”栏中单击渐变条，打开“渐变编辑器”，如图1-60所示。用户只需依次双击渐变条上的色标，然后在弹出的“拾色器”对话框中选择需要的颜色，如图1-61所示，然后单击“确定”按钮即可。

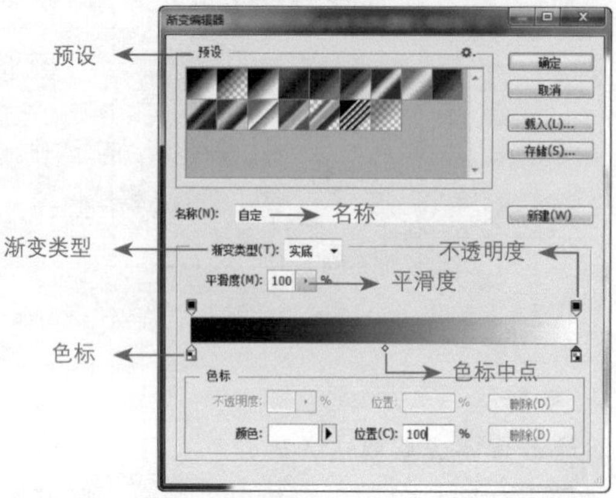

图1-60

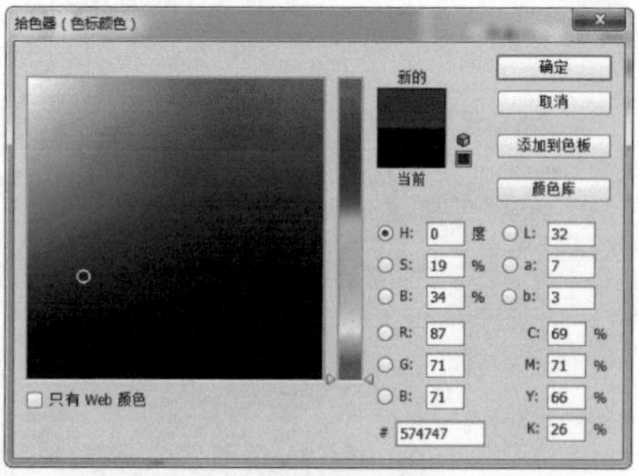

图1-61

- 名称：该选项用于设置当前渐变色的名称，若用户试图将自定义的渐变色存放在“预设”列表框中，那么为渐变色设置一个具体的名称会很有用。
- 渐变类型：该选项用于设置当前渐变色的类型，下拉列表中有“实底”和“杂色”两个选项，如图1-62所示为“杂色”类型的渐变色效果。

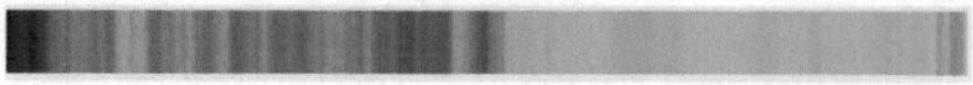

图1-62

- 平滑度：该选项用于设置渐变色颜色过渡的平滑程度，设置的参数值越大，色块与色块之间的过渡就越柔和平滑。
- 色标：色标用于在渐变条中添入新的颜色，用户可在渐变条中的不同位置单击加入新的色标，然后双击色标，在弹出的拾色器中指定色标的颜色。

提示： 用户可以在渐变条上添加最多15个色标来体现各种复杂的质感，例如金属，这个类型的渐变我们将会在后面的操作实例中反复使用到。

- 不透明度：不透明度色标用于设置渐变色在当前位置的不透明度，添加和编辑方法与色标相同。若要设置实色和半透明色混合的渐变色就需要用到不透明度色标。
- 色标中点：色标中点用于设置两个颜色过渡的中点，当选中一个色标时，就会在与其相邻的一个或两个色标之间显示中点，用户可以通过拖动该中点来细微调整渐变色。

实战2 制作网站主页按钮

本实例主要制作了一款圆形的网站主页按钮，该按钮较多地使用到了圆形和渐变色。实例中我们分别使用不同的方法创建按钮的高光，包括图层样式和渐变色。这些小细节可以提升最终效果的质感，所以请尽量耐心操作。最终效果如图1-63所示。

图1-63

使用到的技术	椭圆工具、路径操作、图层样式、渐变工具
学习时间	20分钟
视频地址	视频\第1章\网站主页按钮.swf
源文件地址	源文件\第1章\网站主页按钮.psd

01 执行"文件>新建"命令，弹出"新建"对话框，创建一个空白文档，如图1-64所示。设置"前景色"为RGB（33、40、43），按快捷键【Alt+Delete】为画布填充该颜色，效果如图1-65所示。

图1-64

图1-65

02 新建"图层1"，设置"前景色"为RGB（20、24、26），使用"椭圆工具"，设置"工具模式"为"像素"，按下【Shift】键在画布中创建一个正圆，如图1-66所示。新建"图层2"，使用"椭圆工具"创建如图1-67所示的选区。

图1-66　　　　　　　　　图1-67

03 按快捷键【Ctrl+Alt】单击"图层1"缩略图载入选区，如图1-68所示。使用"渐变工具"，打开渐变编辑器编辑渐变色，如图1-69所示。

图1-68

图1-69

04 在选区中拖动鼠标填充线性渐变，然后取消选区，如图1-70所示。设置该图层"混合模式"为"颜色减淡"，效果如图1-71所示。

图1-70

图1-71

05 载入"图层1"的选区，按快捷键【Shift+F6】，弹出"羽化选区"对话框，设置羽化半径，如图1-72所示。新建"图层3"，为选区填充颜色RGB（255、70、46），并设置其"混合模式"为"叠加"，如图1-73所示。

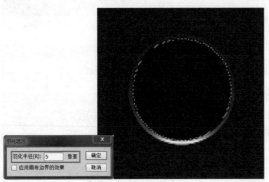

图1-72

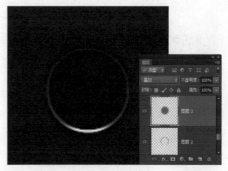

图1-73

> 提示：载入图层选区的方法是按下【Ctrl】键单击相应图层的缩览图。用户可以通过这种方法载入任何图层的选区，包括形状图层和蒙版。

06 新建"图层4"，设置"前景色"为RGB（88、0、0），使用"椭圆工具"在画布中创建一个正圆，如图1-74所示。双击该图层缩览图，弹出"图层样式"对话框，选择"斜面与浮雕"选项进行相应设置，如图1-75所示。

图1-74

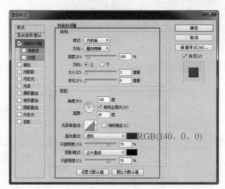

图1-75

07 设置完成后单击"确定"按钮，可以看到图形效果，如图1-76所示。载入"图层4"的选区，执行"选择>修改>收缩"命令，弹出"收缩选区"对话框,将选区收缩3像素,如图1-77所示。

图1-76

图1-77

⑧ 新建"图层5",为选区填充从RGB（5、5、5）到RGB（230、230、230）的线性渐变,并设置其"混合模式"为"柔光","不透明度"为28%,如图1-78所示。使用相同方法制作出高光,如图1-79所示。

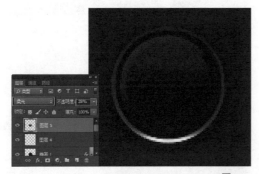

图1-78

图1-79

⑨ 载入"图层4"的选区,使用"椭圆选框工具",按下【Alt】键创建选区,减去多余部分,如图1-80所示。新建"图层7",为选区填充颜色RGB（140、21、21）,并设置其"混合模式"为"叠加","不透明度"为83%,如图1-81所示。

图1-80

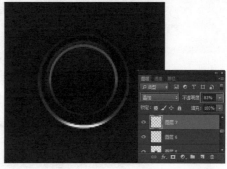

图1-81

⑩ 使用相同方法制作出高光,如图1-82所示。使用"自定形状工具",在形状拾取器中选择合适的箭头形状,然后在按钮中创建路径,并使用"直接选择工具"适当对路径进行调整,如图1-83所示。

图1-82

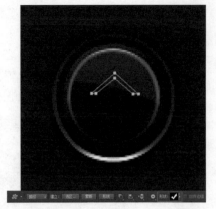

图1-83

⑪ 使用相同方法在画布中创建路径，如图1-84
所示。使用"矩形工具"，在"选项"栏中设置
"路径操作"为"排除顶层形状"，创建出如图
1-85所示的形状。

图1-84

图1-85

⑫ 新建"图层10"，将路径转换为选区，并填
充白色，如图1-86所示。双击该图层缩览图，弹
出"图层样式"对话框，选择"外发光"选项进
行设置，如图1-87所示。

图1-86

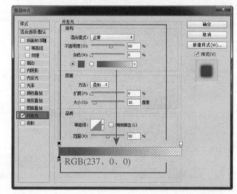

RGB(237、0、0)

图1-87

⑬ 继续在对话框中选择"投影"选项进行相应
设置，如图1-88所示。设置完成后单击"确定"按
钮，看到图形效果，如图1-89所示，操作完成。

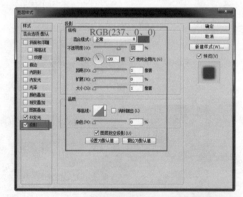

RGB(237、0、0)

图1-88

图1-89

⑭隐藏"背景"图层，执行"图像>裁切"命令，裁掉图像周围的透明像素，如图1-90所示。执行"文件>存储为Web所用格式"命令，弹出"存储为Web所用格式"对话框，对图像进行优化存储，如图1-91所示。

图1-90

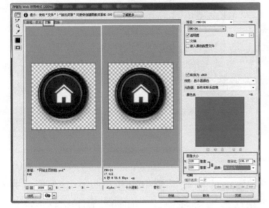

图1-91

实战3　制作不规则翻页按钮

本实例主要制作一个天蓝色的不规则形状翻页按钮，操作时要注意把握调整形状、渐变色的设置和按钮阴影的绘制。最终效果如图1-92所示。

图1-92

使用到的技术	椭圆工具、文字工具、图层样式、钢笔工具
学习时间	15分钟
视频地址	视频\第1章\不规则翻页按钮.swf
源文件地址	源文件\第1章\不规则翻页按钮.psd

⓵执行"文件>新建"命令，弹出"新建"对话框，创建一个空白文档，如图1-93所示。使用"钢笔工具"，在"选项"栏中设置"工具模式"为"形状"，在画布中创建出如图1-94所示的图形。

图1-93

图1-94

> 提示：使用"钢笔工具"创建路径时按下【Shift】键，可以方便地绘制出水平或垂直的线条。

⓶双击该图层缩览图，弹出"图层样式"对话框，选择"内阴影"选项设置参数值，如图1-95所示。在对话框中选择"渐变叠加"选项，设置参数值，如图1-96所示。

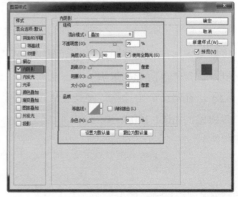

图1-95

21

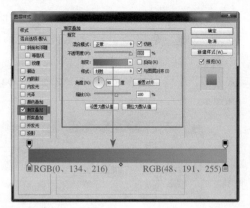

图1-96

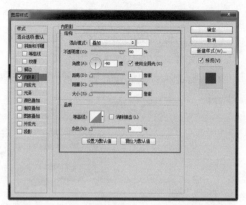

图1-99

03 继续在对话框中选择"投影"选项，对各
项参数进行设置，如图1-97所示。设置完成后
单击"确定"按钮，得到图形效果，然后使用
"椭圆工具"创建一个任意颜色的正圆，如图
1-98所示。

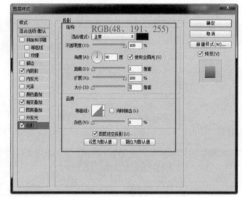

图1-97

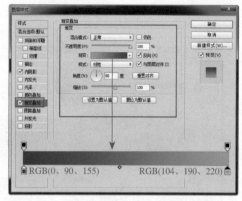

图1-100

05 继续在对话框中选择"投影"选项，并对
相应参数进行设置，如图1-101所示。设置完
成后单击"确定"按钮，得到图形效果，如图
1-102所示。

图1-98

04 双击该图层缩览图，弹出"图层样式"对话
框，选择"内阴影"选项设置参数值，如图1-99
所示。在对话框中选择"渐变叠加"选项，设置
参数值，如图1-100所示。

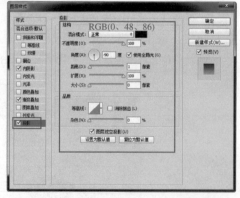

图1-101

图1-102

> **提示：** "图层样式"是制作按钮最为常用的功能之一，除了自定义图层样式之外，用户还可以直接在"样式"面板中取用Photoshop CC预设的图层样式进行使用。

06 打开"字符"面板进行相应设置，如图1-103所示。使用"横排文字工具"在按钮上输入相应的文字内容，"图层"面板和文字输入效果如图1-104和图1-105所示。

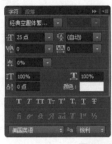
图1-103

图1-104

图1-105

07 双击该文字图层，弹出"图层样式"对话框，选择"投影"选项进行相应设置，如图1-106所示。设置完成后单击"确定"按钮，文字阴影效果如图1-107所示。

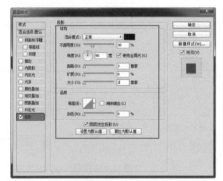
图1-106

图1-107

08 使用相同方法制作白色箭头，并在"背景"图层上方新建图层，使用黑色柔边画笔涂抹出按

钮的阴影，如图1-108所示。使用相同方法可以制作出其他按钮，如图1-109所示。

图1-108

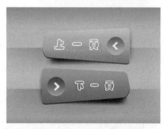
图1-109

> **提示：** 白色箭头使用的字体为"华文琥珀"。输入字符后，用户可以执行"文字>栅格化文字图层"命令栅格化文字，然后对字符进行适当变形。

09 隐藏"背景"图层，执行"图像>裁切"命令，裁掉图像周围的透明像素，如图1-110所示。执行"文件>存储为Web所用格式"命令，弹出"存储为Web所用格式"对话框，对图像进行优化存储，如图1-111所示。

图1-110

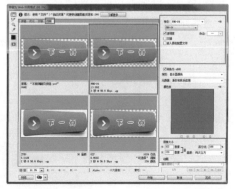
图1-111

实战4 制作绿色清晰润眼按钮

本实例制作一款清新的绿色玻璃质感按钮，操作步骤比较简单。按钮的质感主要通过一张位图和"图层样式"来体现，然后辅以精致简洁的字体即成。最终效果如图1-112所示。

图1-112

使用到的技术	图层样式、文字工具、矩形工具
学习时间	25分钟
视频地址	视频\第1章\绿色清新润眼按钮.swf
源文件地址	源文件\第1章\绿色清新润眼按钮.psd

01 执行"文件>新建"命令，弹出"新建"对话框，新建一个空白文档，如图1-113所示。拖入外部素材"\绿色背景.png"，并适当调整其位置和大小，如图1-114所示。

图1-113

图1-114

02 双击该图层缩览图，弹出"图层样式"对话框选择"斜面与浮雕"选项进行相应设置，如图1-115所示。继续在对话框选择"描边"选项，并设置各项参数的值，如图1-116所示。

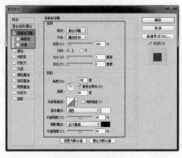

图1-115

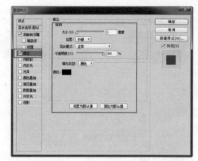

图1-116

03 继续在对话框中选择"内阴影"和"外发光"选项，然后分别在右侧参数区调整各项参数的值，具体设置如图1-117和图1-118所示。

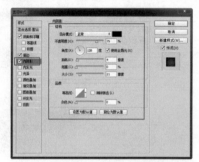

图1-117

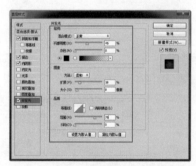

图1-118

04 继续选择"投影"选项进行相应设置，如图1-119所示。设置完成后单击"确定"按钮，得到按钮效果，如图1-120所示。

图1-119

图1-120

⑤ 使用"钢笔工具",设置"工具模式"为"形状","填充"为白色,绘制按钮的高光,并修改其"不透明度"为45%,如图1-121所示。执行"窗口>字符"命令,在"字符"面板中进行相应设置,如图1-122所示。

图1-121

图1-122

⑥ 使用"横排文字工具"在按钮中输入相应的文字内容,如图1-123所示。双击该文字图层缩览图,弹出"图层样式"对话框选择"外发光"选项,并对相关参数进行相应设置,如图1-124所示。

图1-123

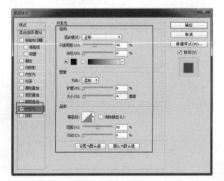

图1-124

提示:在使用各种文字工具的状态下按快捷键【Ctrl+T】,可以快速显示或隐藏"字符"面板,便于用户进行相应操作。

⑦ 设置完成单击"确定"按钮,得到最终按钮效果,如图1-125所示。该文档的"图层"面板如图1-126所示。

图1-125

图1-126

⑧ 隐藏"背景"图层,执行"图像>裁切"命令,裁掉图像周围的透明像素,如图1-127所示。执行"文件>存储为Web所用格式"命令,弹出"存储为Web所用格式"对话框,对图像进行优化存储,如图1-128所示。

图1-127

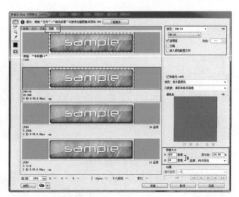

图1-128

提示：通常在优化图像时，若图像中使用的颜色较少，可以存储为Png-8格式；若图像颜色极为复杂，且有阴影或发光等效果，则建议将其存储为Png-24格式。

实战5 制作金属质感时尚音乐按钮

本实例绘制的是一款圆形金属质感的音乐按钮，主要使用了图层样式，实例有3个难点：金属质感渐变色的设置、设置画笔的载入画笔。其中金属质感渐变色的设置会在后面的案例中多次使用，而且这种方法也比较简单经典，最终效果如图1-129所示。

图1-129

使用到的技术	椭圆工具、画笔工具、图层样式、载入画笔、设置画笔
学习时间	25分钟
视频地址	视频\第1章\金属质感时尚音乐按钮.swf
源文件地址	源文件\第1章\金属质感时尚音乐按钮.psd

01 执行"文件>新建"命令，弹出"新建"对话框，新建一个文档，如图1-130所示。新建"图层1"，设置"前景色"为RGB（63、63、63），使用"椭圆工具"，设置"工具模式"为"像素"，在画布中创建一个正圆，如图1-131所示。

图1-130

图1-131

02 使用"椭圆工具"，设置"工具模式"为"路径"，在画布中创建两个正圆路径，如图

1-132所示。新建"图层2"，设置"前景色"为黑色，按快捷键【Ctrl+Enter】将路径转化为选区，并为选区填充前景色，如图1-133所示。

图1-132

图1-133

提示：创建完两个路径后，用户可以使用"路径选择工具"选中单击路径调整位置，或对其进行缩放。

03 双击该图层缩览图，弹出的"图层样式"对话框，选择"渐变叠加"选项设置参数值，如图1-134所示。修改该图层"不透明度"为85%，如图1-135所示。

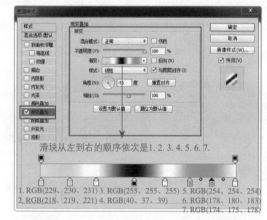

滑块从左到右的顺序依次是1、2、3、4、5、6、7。

1. RGB(229、230、231) 3. RGB(255、255、255) 5. RGB(254、254、254)
2. RGB(218、219、221) 4. RGB(40、37、39) 6. RGB(178、180、183)
7. RGB(174、175、178)

图1-134

图1-135

04 使用相同方法完成相似内容的制作，如图 1-136所示。新建"图层4"，使用"椭圆选框工具"在画布中创建如图1-137所示的正圆选区。

图1-136

图1-137

05 使用"渐变工具"，打开渐变编辑器设置渐变色，如图1-138所示。完成渐变颜色的设置，在选区中拖动鼠标填充径向渐变，填充效果如图 1-139所示。

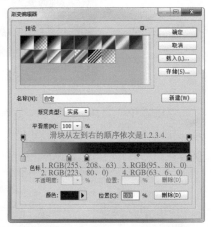

图1-138

图1-139

06 使用相同方法完成相似内容的制作，如图 1-140所示。新建"图层6"，使用"钢笔工具" 在画布中创建路径，如图1-141所示。

图1-140

图1-141

07 按快捷键【Ctrl+Enter】将路径转换为选区，并为选区填充白色，如图1-142所示。设置该图层"混合模式"为"柔光"，"不透明度"为 50%，效果如图1-143所示。

图1-142

图1-143

08 新建"图层7",使用"画笔工具",载入外部笔刷"星空1.abr",并选择合适的笔刷形状,如图1-144所示,在按钮上方绘制图形,如图1-145所示。

图1-144　　　　　　　　图1-145

09 用相同方法载入外部笔刷"星空.abr",选择合适的笔刷形状,并在按钮上方绘制星形,如图1-146所示。打开"画笔"面板,分别选择"画笔笔尖形状"选项和"形状动态"选项设置参数值,如图1-147所示。

图1-146

图1-147

10 继续在"画笔"面板中选择"散布"选项设置参数值,如图1-148所示。新建"图层9",载入"图层4"的选区,使用"画笔工具"在画布中涂抹光点,如图1-149所示。

 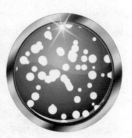

图1-148　　　　　　　　图1-149

11 设置该图层"混合模式"为"柔光","不透明度"为42%,如图1-150所示。使用"自定形状工具",打开形状选取器选择相应的形状,如图1-151所示。

图1-150

图1-151

12 在画布中拖动鼠标创建路径,如图1-152所示。新建"图层10",将路径转换为选区,为选区填充白色,并适当将其旋转,如图1-153所示。

图1-152　　　　　　　　图1-153

13 新建"图层11",使用"椭圆选框工具"在画布中创建选区,并填充黑色,如图1-154所示。执行"滤镜>模糊>高斯模糊"命令,对图像进行模糊，如图1-155所示。

图1-154

图1-155

提示：在对色块执行"高斯模糊"之前，应先按快捷键【Ctrl+D】取消选区，否则模糊效果会被限制在选区范围内。对于该图层来说，选区的大小等于图层像素大小，执行"高斯模糊"命令完全没有效果。

⑭ 在"图层"面板中适当调整图层顺序，完成音乐按钮的设计，得到最终效果，如图1-156所示，"图层"面板如图1-157所示。

图1-156

图1-157

⑮ 隐藏"背景"图层，执行"图像>裁切"命令，裁掉图像周围的透明像素，如图1-158所示。执行"文件>存储为Web所用格式"命令，弹出"存储为Web所用格式"对话框，对图像进行优化存储，如图1-159所示。

图1-158

图1-159

实战6　制作逼真皮革按钮

本实例制作了一款皮革按钮。虽然大体形状比较简单，但包含的小细节比较多。按钮的皮革质感来自于一款皮革文字，配合"斜面与浮雕"、"内发光"和"描边"等样式建立和完善立体效果，最终得到逼真的皮革质感。最终效果如图1-160所示。

图1-160

使用到的技术	文字工具、虚线、图层样式、路径操作
学习时间	28分钟
视频地址	视频\第1章\逼真皮革按钮.swf
源文件地址	源文件\第1章\逼真皮革按钮.psd

① 执行"文件>新建"命令，弹出"新建"对话框，新建一个空白文档，如图1-161所示。使用"矩形工具"在画布中创建一个任意颜色的矩形，如图1-162所示。

图1-161

图1-162

㉒ 双击该图层缩览图,弹出"图层样式"对话框,选择"内阴影"选项进行相应设置,如图1-163所示。在对话框中选择"图案叠加"选项,载入图案,如图1-164所示。

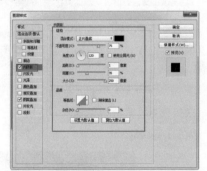

图1-163

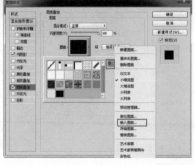

图1-164

㉓ 设置完成后单击"确定"按钮,可以看到正圆效果,如图1-165所示。使用"圆角矩形工具"在画布中创建填充为RGB(29、29、29)的圆角

矩形,如图1-166所示。

图1-165

图1-166

㉔ 双击该图层缩览图,弹出"图层样式"对话框,选择"斜面和浮雕"选项进行相应设置,如图1-167所示。选择"描边"选项进行相应设置,如图1-168所示。

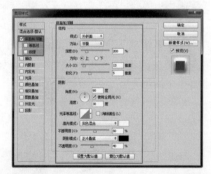

图1-167

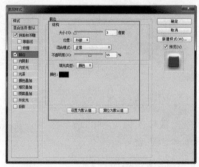

图1-168

㉕ 继续在对话框中选择"内阴影"选项进行相应设置,如图1-169所示。选择"投影"选项进行

相应设置，如图1-170所示。

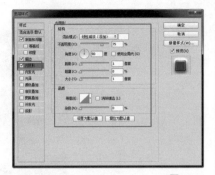

图1-169

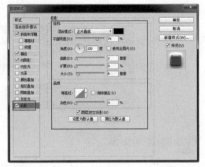

图1-170

⑥ 设置完成后，单击"确定"按钮，图形效果如图1-171所示。使用相同的方法绘制另一个矩形图案，如图1-172所示。

图1-171

图1-172

⑦ 继续使用"圆角矩形工具"，设置描边颜色为RGB（208、169、99），"描边类型"为虚线，在画布中创建形状，如图1-173所示。双击

该图层缩览图，弹出"图层样式"对话框，选择"描边"选项进行相应设置，如图1-174所示。

图1-173

图1-174

⑧ 继续在对话框中选择"内阴影"选项进行相应设置，如图1-175所示。选择"渐变叠加"选项进行相应设置，如图1-176所示。

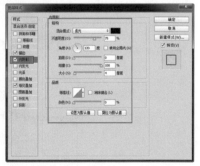

图1-175

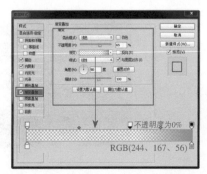

图1-176

09 设置完成后单击"确定"按钮，修改该图层的"填充"为0%，得到图形效果，如图1-177所示。将相关图层进行编组，并使用"圆角矩形工具"创建一个"半径"为40像素的形状，如图1-178所示。

图1-177

图1-178

10 选择"矩形工具"，设置"路径操作"为"减去顶层形状，减掉形状的一半，如图1-179所示。使用前面的操作方法绘制如图1-180所示的图形。

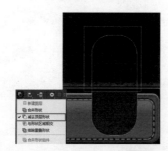

图1-179

图1-180

11 执行"窗口>字符"命令，在"字符"面板中进行相应设置，如图1-181所示。使用"横排文字工具"在按钮中输入相应的文字内容，并添加图层样式，如图1-182所示。

图1-181

图1-182

12 隐藏"背景"图层，执行"图像>裁切"命令，裁掉图像周围的透明像素，如图1-183所示。执行"文件>存储为Web所用格式"命令，弹出"存储为Web所用格式"对话框，对图像进行优化存储，如图1-184所示。

图1-183

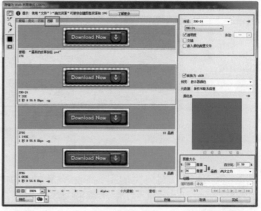

图1-184

1.4　扩展练习

本实例制作了一款立体感很强的按钮。其中红色按钮使用"内阴影"样式体现立体感，高光部分是由画笔绘制出的。此外实例中还用到"变形文字"功能，将一排文字扭曲为上弧形，以贴和弧形的按钮，最终效果如图1-185所示。

图1-185

源文件地址：源文件\第1章\制作圆形立体按钮.PSD
视频地址：视频\第1章\制作圆形立体按钮.SWF

| 1. 新建画布并填充颜色为RGB(2、107、141)，使用画笔创建高光。 | 2. 使用"椭圆工具"创建不同大小的正圆并创建图层样式。 |
| 3. 使用钢笔工具创建按钮的反光。 | 4. 使用"横排文字工具"输入文字并为文字变形。 |

1.5　本章小结

本章主要介绍了一些UI设计相关的理论知识、数字化图像的基础知识和Photoshop CC的基本操作。经过本章的学习，用户应该熟练掌握Photoshop CC的界面布局情况，以及在Photoshop CC中打开、保存和新建文件的操作方法。对图像进行变换、前景色、背景色和渐变色的设置是Photoshop CC中极为常用的操作，建议用户多进行相关的练习。

第1章　练习题

一、填空题

1. 常见的图片格式有（　　　）、（　　　）、（　　　）、（　　　）和TIFF格式。
2. 常见图像模式有RGB颜色模式、（　　　）、（　　　）和（　　　）。
3. （　　　）是目前市面上使用最为普遍的图像处理与合成软件，最新的版本为Photoshop CC。
4. 使用Photoshop CC进行设计制作时，经常需要对各种对象进行变换，例如移动位置，（　　　）、（　　　）和翻转图像等。这些操作大部分可以通过执行（　　　）命令来完成。
5. 常用的Web所用的格式有（　　　）、（　　　）和（　　　）。

二、选择题

1. Photoshop提供了不同的图层混合选项即（　），有助于为特定图层上的对象应用效果。

    A．混合模式　　　　　　　　　B．图层样式

    C．图层效果　　　　　　　　　D．混合效果

2. 通常在优化图像时，若图像中使用的颜色较少，可以存储为（　）；若图像颜色极为复杂，且有阴影或发光等效果，建议将其存储为（　）。

    A．Png-8格式、Png-24格式　　B．Png-24格式、Png-8格式

    B．Png-8格式、Png-8格式　　　D．Png-24格式、Png-24格式

3. 图层面板中的（　）和（　）都可以用来控制图像的不透明度，设置之前应先选中相应的图层。

    A．不透明度、填充　　　　　　B．阈值、填充

    C．色阶、填充　　　　　　　　D．不透明度、填充

4. 界面设计的原则具有（　）、（　）、（　）和安全性、人性化和灵活性。

    A．简易性、控制性、一致性　　B．简易性、可控性、一致性

    C．简易性、可控性、可塑性　　D．简易性、可控性、统一性

5. 若想增加一个图层，但在图层调板的最下面的"创建新图层"按钮是灰色不可选取，原因是下列选项中的（　）（假设图像是8位/通道）。

    A．图像是CMYK模式　　　　　B．图像是灰度模式

    C．图像是索引颜色模式　　　　D．图像是双色调模式

三、简答题

常见的UI设计分类有哪些？其特点是什么？

第2章　图标设计

图标是具有指代意义、标识性质的图形，它具有高度浓缩并快捷传达信息、便于记忆的特性。图标的历史可以追溯到很远，从上古时代的图腾，到现代具有更多含义和功能的各种图标，可以说它无所不在。本章将会向用户介绍一些与图标相关的基础知识，以及使用Photoshop CC制作图标的一些操作方法和技巧。

2.1 了解图标设计

图标是具有指代性的计算机图形，它具有高度浓缩并快速传达信息和便于记忆的特点。图标的应用范围非常广泛，从各种软硬件到现实生活，到处都可以看到各种图标的影子，可以说我们的生活离不开图标。

2.1.1 什么是图标

图标的概念分广义和狭义两种。从广义上来说，图标是指具有指代意义的图形符号，它具有快速传达信息和便于记忆的特性，如各种软件图标和各种交通标志等。

从狭义方面来讲，图标仅应用于计算机软件方面，包括程序标识、数据标识、命令选择、模式信号或切换开关、状态指示图标等。如图2-1所示为一些设计精美的图标。

图2-1

2.1.2 图标设计的作用

一个图标是一个小的图片或对象，代表一个文件、程序或命令。图标可以帮助用户快速执行各种命令或打开应用程序。此外，图标也用于在浏览器中快速展现内容。

图标是与其他页面链接以及让其他网站链接的标志和门户，图形化的图标，特别是动态的图标，比文字形式的链接更能吸引用户的注意。图标是网站或软件页面的重要体现，对于一个成功的网站或软件界面来说，图标是其灵魂所在，即所谓的"点睛"之处。此外，图标具有指代性，

一个好的图标往往会反映制作者的某些信息，便于用户识别和选择。

2.1.3 图标设计的意义

随着科技的高速发展，人们对各种软件界面的美观程度有了更高的要求，而作为图形界面的关键部分，图标设计自然也越来越受到设计者的重视，相信大家也见到过质感强烈、设计精美的图标。

作为UI界面设计的关键部分，图标在UI交互设计中无处不在。一套成功的图标设计不仅需要质感精美、引人眼球，更重要的是具有良好的可用性。一般来讲，具有强烈质感的图标可以为网页增添亮点，给浏览者留下深刻的印象。

2.2 图标设计的绘制原则

相较于文字来说，图标有着很明显的优势，它比文字更直观，也更漂亮。在制作图标时，我们也应该相应地强化图标的优势，降低劣势。未来软件界面的设计方向是简洁、实用、高效。而一套设计精美的图标也往往能够为整个界面增添不少的光彩，下面是图标设计需要遵循的几个原则。

可识别性原则

可识别性原则是图标设计的首要原则。可识别性就是指设计的图标应该能够准确表达相应的操作，让浏览者一看到就能明白它是用来做什么的。例如我们最常见的交通标志，即使不认识字的人也可以明白它要表达什么意思，如图2-2所示。

向左行走　　非机动车行驶　　步行　　鸣喇叭

图2-2

与环境协调的原则

图标制作出来以后最终被应用到图形界面中才能体现出价值，独立存在的图标是没有意义

的。因此，图标的设计还应该考虑图标使用的界面风格，这样的图标才能更好地为页面服务，如图2-3所示。

图2-3

差异性原则

差异性是指图标之间有明显的差别，能够让人一眼区分出来，这样的图标才易于被浏览者所关注和记忆，并对界面内容留有印象。这是图标设计的重要原则之一，同时也是最容易被设计者忽略的一条原则。如图2-4所示为一组设计略显平庸的图标，一眼望去用户很难发现它们有什么区别。

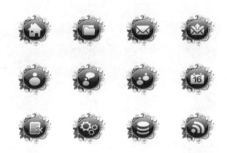

图2-4

视觉效果的原则

视觉效果是指图标设计应该刻画质感和细节，使其更加美观，满足使用者的视觉要求。当然，图标设计首先应该考虑的还应该是可识别性和差异性，应该在满足了基本需求后再追求视觉最大化的要求。如图2-5所示为两款质感刻画到位的图标。

图2-5

创造性原则

我们每天都会使用到大量的软件和网页，

自然也见到过很多图标，但真正给你留下深刻印象的图标有几个？究竟什么样的图标才更容易吸引用户呢？或许你可以在创意上下下功夫。如图2-6所示为两款设计非常诙谐的，极具创造性的图标，看看这样的图标够不够吸引你？

图2-6

> **提示：** 一般在制作图标时都会创建较大尺寸的文档，或者使用矢量形状创建图标，制作完成后也会将其保存为不同的尺寸，以满足不同界面的需要。

实战7　制IE浏览器图标

本实例制作了一个水晶质感的立体IE浏览器按钮，按钮形状主要通过大量复杂的形状复合来完成，质感则主要通过渐变色来实现，没有涉及到"图层样式"。

总体来说，这款图标的操作步骤比较简单，制作时要仔细调整每个形状的位置。最终效果如图2-7所示。

图2-7

使用到的技术	钢笔工具、载入画笔、图层样式、创建选区
学习时间	20分钟
视频地址	视频\第2章\绘制IE浏览器图标.swf
源文件地址	源文件\第2章\绘制IE浏览器图标.psd

01 执行"文件>新建"命令，弹出"新建"对话框，新建一个空白文档，如图2-8所示。使用"椭圆工具"在画布中创建一个"填充"为RGB

（55、90、160）的正圆，并使用"直接选择工具"适当调整形状，如图2-9所示。

图2-8

图2-9

02 使用"钢笔工具"，设置"工具模式"为"路径"，"路径操作"为"减去顶层形状"，如图2-10所示，创建出如图2-11所示的形状。使用相同方法创建如图2-12所示的形状。

图2-10

图2-11　　　　　　　　**图2-12**

03 按快捷键【Ctrl+J】复制该图层，并使用"直接选择工具"适当调整图形的形状，如图2-13所示。在任意形状工具的"选项"栏中为其设置新的"填充"，如图2-14所示，图形效果如图2-15所示。

图2-13

图2-14　　　　　　　　**图2-15**

> **提示**：该步骤中的形状是直接复制得到的，所以填充颜色应该是与下方图层同样的深蓝色，这里为了便于观察效果将其暂时修改为浅灰色。该步骤是体现图标明暗立体感的最关键的一步，操作时应仔细调整渐变色中每个色块和中点的位置，以创建出自然的明暗效果。

04 使用"钢笔工具"，设置"工具模式"为"形状"，创建如图2-16所示的形状。在"选项"栏中设置该形状为径向渐变的"填充"，如图2-17和图2-18所示。

图2-16

图2-17　　　　　　　　

图2-18

05 使用相同的方法绘制其他图形，如图2-19所示。复制"椭圆1副本"至"形状5"下方，使用"钢笔工具"，设置"路径操作"为"与形状区域相交"，创建出如图2-20所示的形状。在"选项"栏中设置其"填充"为黑白线性渐变，如图2-21所示。

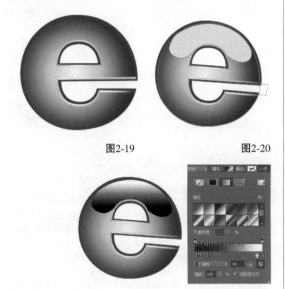

图2-19　　　　　　　　　图2-20

图2-21

06 设置该图层"混合模式"为"滤色"，创建出图标的高光效果，如图2-22所示。新建"图层1"，使用白色柔边画笔适当涂抹图形，然后修改"不透明度"为90%，效果如图2-23所示。

图2-22

图2-23

07 为该图层添加蒙版，使用黑色柔边画笔适

当涂抹形状，创建出图标下方的高光选项，如图2-24所示。使用"钢笔工具"创建出如图2-25所示的形状。

图2-24

图2-25

08 在"选项"栏中为其设置"填充"，图形效果如图2-26所示。复制该形状，并使用"直接选择工具"适当调整图形形状，如图2-27所示。

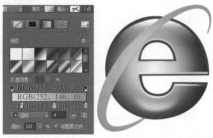

图2-26

图2-27

09 在"选项"栏中设置其"填充"如图2-28所示。使用"钢笔工具"在"形状1"下方创建出如图2-29所示的形状。

图2-28

图2-29

⑩ 设置该图形"填充"为黑白线性渐变，如图2-30所示。修改该图层"填充"为30%，"图层样式"为"正片叠底"效果如图2-31所示。使用相同方法创建另一块投影，如图2-32所示。

图2-30

图2-31　　　　　图2-32

⑪ 隐藏"背景"图层，在图层功能最上方按快捷键【Ctrl+Shift+Alt+E】盖印可见图层，得到"图层2"，如图2-33所示。按下【Ctrl+Alt】快捷键单击"形状6副本"的缩览图载入选区，并使用"减淡工具"进一步加强高光，如图2-34所示。

图2-33

图2-34

提示：载入图层选区时，只需按下【Ctrl+Alt】快捷键单击该图层缩览图即可，并不需要先单击选中图层。使用"减淡工具"处理图像之前应先按照图示中的参数设置工具，并确保"图层2"处于选中状态。

提示：盖印图层是一种类似于合并图层的操作，它可以将多个图层的内容合并为一个目标图层，同时保持其他图层完好。在既想要得到其他图层的合并效果，又要保持原图层的完整时，盖印图层是最好的解决办法。

⑫ 载入"形状7"和"形状8"的选区，在"选项"栏中进行相应设置，适当加深投影区域，如图2-35所示。使用"多边形工具"，在"选项"栏中进行相应设置，并在适当位置创建一个星形，如图2-36所示。

图2-35

图2-36

⑬ 在"选项"栏中设置其"填充"为白色到20%不透明度白色的径向渐变，如图2-37所示，图形效果如图2-38所示。

图2-37　　　　　　　　图2-38

⑭ 按快捷键【Ctrl+J】复制该形状，并适当调整其位置和大小，最终效果如图2-39所示，"图层"面板如图2-40所示。

图2-39　　　　　　　　图2-40

⑮ 执行"图层>裁切"命令，裁掉文档边缘的透明像素，如图2-41所示。执行"文件>存储为Web所用格式"命令，弹出"存储为Web所用格式"对话框，对图像进行优化，并将其存储为透底图像，如图2-42所示。

图2-41

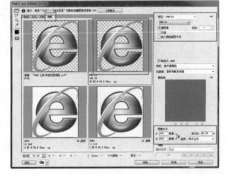

图2-42

2.3 Photoshop图层的基本操作

"图层"在Photoshop CC中是一个至关重要的概念，所有的操作和编辑都与之有密切的关系。那么什么是"图层"呢？简言之，"图层"就如同一些堆叠在一起的透明纸张，每一张都存储着不同的图像。这些图像以一定的顺序排列在一张上，从而构成一副完整的图像。

Photoshop CC中用于管理和编辑图层的主要工具是"图层"面板。打开一个文件后执行"窗口>图层"命令，或按【F7】键，即可打开"图层"面板，如图2-43所示。

图2-43

2.3.1 新建图层

Photoshop CC中提供了很多种创建新图层的方法，最常用的两种分别是直接在"图层"面板中创建和通过菜单命令创建，下面是具体操作过程。

在"图层"面板中创建新图层

打开"图层"面板，单击"图层"面板中的"创建新图层"图标，即可在当前图层上方新建一个图层，如图2-44所示。

图2-44

使用"新建"命令新建图层

如果要在创建图层的同时指定图层的属性，如图层名称、颜色和混合模式，可以执行"图层>新建>图层"命令，弹出"新建图层"对话框，对新图层的属性进行相应设置，如图2-45所示。单击"确定"按钮即可创建新的图层，如图2-46所示。

图2-45

图2-46

> 提示："图像>新建>图层"命令的快捷键为【Ctrl+Shift+N】，新建文件的快捷键为【Ctrl+N】，用户可以将这两个快捷键一起进行记忆。

2.3.2 选择图层

在Photoshop CC中对文件进行操作时，必须首先选中相应的图层，才能保证当前操作的正确应用。选择图层的操作通常也在"图层"面板中进行。

- 选择单个图层：打开"图层"面板，直接使用鼠标单击一个图层，即可将其选中，如图2-47所示。
- 选择多个连续的图层：打开"图层"面板，按下【Shift】键单击两个图层，这两个图层之间的所有图层都会被选中，如图2-48所示。
- 选择多个不连续的图层：打开"图层"面板，按下【Ctrl】键，依次单击需要的图层，即可将其全部选中，如图2-49所示。

图2-47　　　　　　　　　　图2-48

图2-49

2.3.3 复制、移动图层

复制的方法有很多种，如同一文档之间的复制、不同文档的复制、通过命令复制和复制局部图形等，下面了解这些复制图层的具体操作方法。

在同一文档之间复制图层

若要在同一文档中复制图层，只需将相应的一个或多个图层直接拖拽至"图层"面板下方的"创建新图层"图标上即可，如图2-50所示。

图2-50

在不同文档之间复制图层

若要在不同文档之间复制图层，则应选中需要复制的图层，执行"图层>复制图层"命令，或单击"图层"面板右上角的扩展图标，在弹出的扩展菜单中选择"复制图层"命令，弹出"复制图层"对话框，如图2-51所示。指定需要复制到的文档，然后单击"确定"按钮即可，如图2-52所示。

图2-51

图2-52

使用"通过拷贝的图层"命令复制图层

除了将图层拖拽到"创建新图层"图标复制图层外，用户也可以执行"图层>新建>通过拷贝的图层"命令，或按快捷键【Ctrl+J】快速复制，如图2-53所示。如果没有创建选区，则执行该命令可以快速复制当前图层，如图2-54所示。

图2-53

图2-54

复制局部图形

复制局部图像与复制整个图层的方式类似。使用"框选工具"或者"魔棒工具"将要复制的图形创建选区，执行"图层>新建图层>通过拷贝的图层"命令，或直接按快捷键【Ctrl+J】，即可将选区内的图像复制到新的图层中，如图2-55所示。

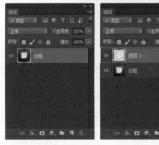

图2-55

提示：若文档中包含选区，则在"图层"面板中将图层拖拽到"创建新图层"图标上会复制整个图层，而不是选区内的图像。

图层的堆叠顺序会对图像显示效果产生影响，"图层"面板中越靠下的图层在图像中越靠后，越靠上的图层在图像中越靠前，Photoshop CC提供了两种调整叠放顺序的方法。

鼠标直接拖动

若要调整图层顺序，应先选中相应的图层，然后将其拖拽到新的位置即可。例如原始状态下"琵

43

琶"在"吹箫"的下方，实际显示效果应该是琵琶被吹箫女子遮住，如图2-56所示。现在我们将"吹箫"拖动到"琵琶"下方，则效果如图2-57所示。

图2-56

图2-57

"排列"命令

用户也可以对当前的图层执行"图层>排列"命令，根据需求在子菜单中分别选择置为顶层、前移一层、后移一层、置为底层或反向选项调整图层顺序。

> 提示："前移一层"的快捷键为【Ctrl+]】，"后移一层"的快捷键为【Ctrl+[】，"置为顶层"的快捷键为【Ctrl+Shift+]】，"置为底层"的快捷键为【Ctrl+Shift+[】。

课堂练习

01 执行"文件>打开"命令，打开素材"在图层间移动对象.psd"，画板效果如图2-58所示。执行"窗口>图层"命令，"图层"面板如图2-59所示。

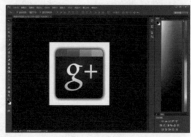

图2-58

图2-59

02 选择要移动的对象，单击"图层"面板中要移动的图层，"图层"面板如图2-60所示。然后将其拖拽到新的位置即可，如图2-61所示。图像效果如图2-62所示。

图2-60

图2-61

图2-62

2.3.4 重命名图层、删除图层

重命名图层

若要对图层名称进行重命名，则应双击相

应图层的名称部分，激活编辑模式，如图2-63所示。直接输入新的名称，然后按【Enter】键确认命名，如图2-64所示。

图2-63 图2-64

删除图层

若要删除图层，应先在"图层"面板中选中相应的图层，然后单击面板下方的"删除图层"图标，或者直接用鼠标拖拽图层至该图标上删除。用户也可以执行"图层>删除>图层"命令，或者选择面板扩展菜单中的"删除图层"命令删除当前图层。

提示：若文档中不包含选区，那么直接按【Delete】键也可以快速删除当前图层；若文档中包含选区或路径，按【Delete】键只会删除当前图层选区内的图像。

添加图层样式

若要为图层应用"图层样式"，应先选中相应的图层，单击面板下方的"添加图层样式"图标，在弹出的菜单中选择需要的选项，如图2-65所示。然后在弹出的"图层样式"对话框中设置参数值即可，如图2-66所示。

图2-65

图2-66

提示：用户也可以执行"图层>图层样式"命令为图层添加图层样式；或者直接在"图层"面板中双击相应图层的缩览图，打开"图层样式"对话框进行设置。

实战8　绘制逼真镜头图标

该实例制作了一款极其逼真的镜头图标，这个图标又一次使用到了之前使用过的金属质感渐变色。另外，镜头高光的制作也是决定成败的关键部分，操作时应注意高光位置和明暗度。最终效果如图2-67所示。

图2-67

使用到的技术	椭圆工具、路径操作、图层样式，渐变工具
学习时间	20分钟
视频地址	视频\第2章\绘制逼真镜头图标.swf
源文件地址	源文件\第2章\绘制逼真镜头图标.psd

01 执行"文件>新建"命令，弹出"新建"对话框，新建一个文档，如图2-68所示。使用"椭圆工具"，设置"工具模式"为"形状"，在画布中创建一个任意颜色的正圆，如图2-69所示。

图2-68

图2-69

02 双击该图层缩览图，弹出"图层样式"对话框，选择"斜面与浮雕"选项设置参数值，如图2-70所示。在对话框中选择"渐变叠加"选项设置参数值，如图2-71所示。

图2-70

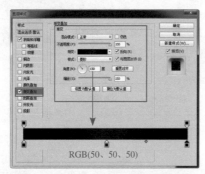

RGB（50、50、50）

图2-71

03 设置完成后单击"确定"按钮，得到图形效果，如图2-72所示。按快捷键【Ctrl+J】复制该形状，并将其等比例缩小，如图2-73所示。

图2-72　　　　　图2-73

04 打开"图层样式"对话框，选择"斜面与浮雕"选项修改参数值，如图2-74所示。继续在对话框中选择"内发光"选项设置参数值，如图

2-75所示。

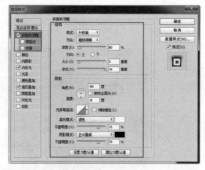

图2-74

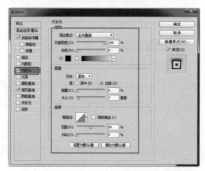

图2-75

05 最后在对话框中选择"渐变叠加"选项修改参数值，如图2-76所示。设置完成后单击"确定"按钮，得到图形效果，如图2-77所示。

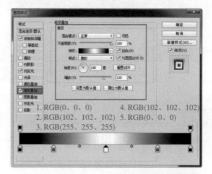

1. RGB（0、0、0）　　4. RGB（102、102、102）
2. RGB（102、102、102）　5. RGB（0、0、0）
3. RGB（255、255、255）

图2-76

图2-77

06 再次复制该形状，将其等比例缩小，清除图层样式，并修改其"填充"为RGB（102、102、102），如图2-78所示。打开"图层样式"对话

框，选择"内发光"选项进行相应设置，如图
2-79所示。

图2-78

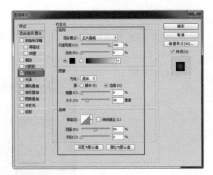

图2-79

07 继续在对话框中选择"渐变叠加"选项进行
相应设置，如图2-80所示。设置完成后可以看到
图形效果，如图2-81所示。

图2-80

图2-81

08 用相同方法多次复制形状，分别调整其大
小，并适当修改图层样式，如图2-82所示，"图

层"面板如图2-83所示。

图2-82

图2-83

09 继续复制"椭圆1副本7"，并将其等比例缩
小，如图2-84所示。打开"图层样式"对话框，
选择"斜面与浮雕"选项设置参数值，如图2-85
所示。

图2-84

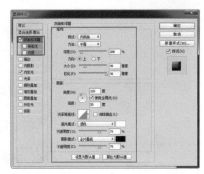

图2-85

10 继续在对话框中选择"内发光"选项修改
参数值，如图2-86所示。修改其"填充"为RGB
（153、153、153），图形效果如图2-87所示。

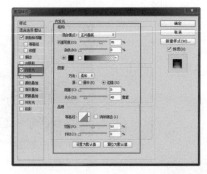

图2-86

47

图2-87

⑪ 再次复制该形状，删除"斜面与浮雕"效果，并修改该图层"填充"为0%，如图2-88所示。将背景之外的所有图层编组，得到"组1"，如图2-89所示。

图2-88

图2-89

⑫ 使用"椭圆工具"创建如图2-90所示的形状。双击该图层缩览图，在弹出的"图层样式"对话框中选择"渐变叠加"选项设置参数值，如图2-91所示。

图2-90

图2-91

⑬ 设置完成后单击"确定"按钮，并修改该图层"不透明度"为25%，"填充"为0%，如图2-92和图2-93所示。

图2-92

图2-93

⑭ 使用"椭圆工具"创建出如图2-94所示的圆环。使用"矩形工具"，设置"路径操作"为"与形状区域相交"，创建出如图2-95所示的形状。使用"钢笔工具"，设置"路径操作"为"减去顶层形状"，创建出如图2-96所示的形状。

图2-94

图2-95

图2-96

⑮ 按下【Alt】键将下方图层的图层样式拖动到该图层，并修改该图层"不透明度"为50%，如图2-97和图2-98所示。

图2-97　　　　　　　图2-98

⑯ 使用"椭圆工具"创建一个白色的正圆，如图2-99所示。双击该图层缩览图，在弹出的"图层样式"对话框中选择"外发光"选项设置参数值，如图2-100所示。

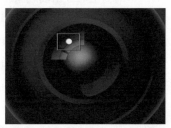

图2-99

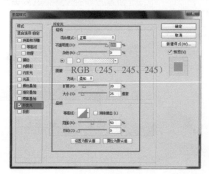

RGB（245、245、245）

图2-100

⑰ 设置完成后单击"确定"按钮，并设置该图层"不透明度"为35%，效果如图2-101所示。使

用相同方法制作其他高光部分，如图2-102所示。

图2-101

图2-102

⑱ 复制"椭圆1副本2"至图层最上方，适当调整其大小，然后打开"图层样式"对话框，选择"颜色叠加"选项设置参数值，如图2-103所示。继续在对话框中选择"渐变叠加"选项设置参数值，如图2-104所示。

图2-103

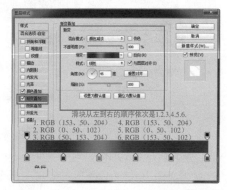

图2-104

> 提示：用户也可以直接新建图层，设置图层"混合模式"为"颜色"，然后使用柔边画笔涂抹不同的颜色，这样也可以得到类似的效果。

⑲ 设置该图层"填充"为0%，图形效果如图2-105所示。复制该形状，适当调整其大小，并打开"图层样式"对话框，选择"描边"选项设置参数值，如图2-106所示。

图2-105

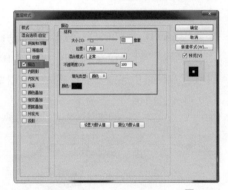

图2-106

⑳ 设置完成后单击"确定"按钮，得到图形效果，如图2-107所示，该文档"图层"面板如图2-108所示。

图2-107

图2-108

㉑ 隐藏相关的图层，执行"图像>裁切"命令，裁掉图像周围的透明像素，如图2-109所示。执行"文件>存储为Web所用格式"命令，弹出"存储为Web所用格式"对话框，对图像进行优化存储，如图2-110所示。

图2-109

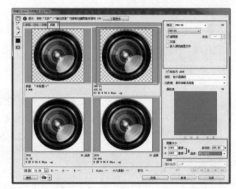

图2-110

2.4 画笔工具

在Photoshop CC中，"画笔工具"的应用比较广泛，使用它可以绘制出比较柔和的线条，其效果如同用毛笔画出的线条。该工具的"选项"栏如图2-111所示，可以设置画笔的笔尖形状、笔刷尺寸、不透明度、流量和喷枪等属性。如果结合"画笔"面板中的各项功能，还能绘制出更多变的笔触效果。

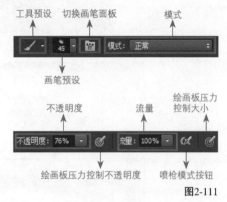

图2-111

● 工具预设：单击"画笔"右侧的三角按钮，可以弹出"工具预设"面板。如图2-112所示。工具预设可以用于选定该工具的现成版本，单击"工具预设"面板右上角的"工具预设菜单"按钮,可以打开"工具预设"菜单,如图 2-113所示。通过该菜单上的命令,可以执行新建工具预设和载入工具预设操作。

图2-112　　　　图2-113

- 画笔预设:可在画笔预设选取器中选择不同形状的画笔笔尖,并设置画笔的大小和硬度,以绘制出不同的笔触效果,如图2-114所示。

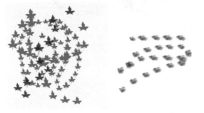

图2-114

- 切换到画笔面板:单击该按钮可以打开"画笔"面板,如图2-115所示。用户可在该面板中进一步细化设置画笔的形状和动态,这往往可以为用户省去不少的麻烦。

图2-115

- 模式:该选项用来设置画笔的绘画模式。在下拉列表中可以选择画笔笔迹颜色与下面像素的混合模式。"正常"模式与"差值"模式下的效果如图2-116所示。

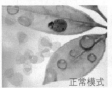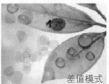
正常模式　　　　　差值模式
图2-116

- 不透明度:该选项用于设置涂抹颜色的不透明度。数值设置得越低,所绘制图形的透明度就越高。如图2-117所示分别为设置"不透明度"为100%和40%的绘制效果。

图2-117

- 流量:该选项用于设置应用颜色的流量,效果与设置"不透明度"类似。
- 启用喷枪模式:单击该按钮,即可启用喷枪功能。即将渐变色调应用于图像,同时模拟传统的喷枪技术,Photoshop CC会根据鼠标左键的单击程度确定画笔线条非填充数量。
- 绘画板压力控制大小/绘画板压力控制不透明度:只有连接绘画板之后这两个按钮才会起到作用。但按下该按钮后,在选项栏中的参数设置不会影响到绘画的质量。

> 提示:使用"画笔工具"时,在英文状态下,按【[】键可减小画笔的直径,按【]】键可增加画笔的直径,对于实边圆、柔边圆和书法画笔,按【Shift+[】快捷键可减小画笔的硬度,按【Shift+]】快捷键则可增加画笔的硬度。
>
> 按键盘上的数字键可以调整工具的不透明度。按【1】时,不透明度为10%,按【5】时,不透明度为50%,按【75】时不透明度为75%,按【0】时不透明度为100%。

2.4.1 预设画笔工具

单击工具箱中的"画笔工具"按钮，在选项栏中单击"画笔"选项右侧的按钮，可以打开"画笔预设选取器"，如图2-118所示，可以看到很多不同形状的画笔，单击任意画笔即可使用该画笔形状。Photoshop CC提供了多种类型的画笔，为了方便选取画笔，用户可以通过单击"画笔预设选取器"面板中右上方的菜单按钮，在弹出的下拉菜单中改变"画笔预设选取器"的显示方式，在该菜单中还提供了其他相应的选项供用户选择，如图2-119所示。

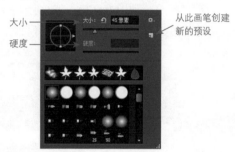

大小——
硬度——
从此画笔创建新的预设

图2-118

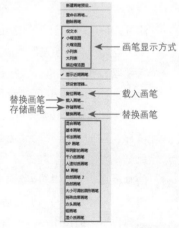

画笔显示方式

替换画笔
存储画笔
载入画笔
替换画笔

图2-119

- 大小：用来设置画笔的笔触大小，可以直接拖动滑块，也可以在文本框中输入数值。
- 硬度：用来设置画笔的硬度大小，可以直接拖动滑块，也可以在文本框中输入数值。
- 从此画笔创建新的预设：单击该按钮，可以弹出"画笔名称"对话框，在该对话框中为画笔命名后，单击"确定"按钮，可以将当前画笔保存为一个预设的画笔。

- 画笔显示方式：该选项组用来设置画笔在"画笔预设选取器"中的显示方式。
- 复位画笔：进行添加或者删除画笔的操作后，如果想让面板恢复为显示默认的画笔状态，可执行该命令。
- 载入画笔：用户可以使用"载入画笔"命令将保存后的画笔载入后使用。执行该命令后，弹出"载入"对话框，如图2-120所示。在该对话框中选择一个画笔库，单击"确定"按钮即可将其载入。
- 存储画笔：可以将面板中的画笔保存为一个画笔库，在弹出的"存储"对话框中，可以选择存储位置，如图2-121所示。

图2-120

图2-121

- 替换画笔：执行该命令可以从打开的"载入"对话框中选择需要的画笔库来替换面板中的画笔。
- 画笔库：此选项组是Photoshop CC提供的各种画笔库。选择任意一个画笔库，即可弹出提示对话框，如图2-122所示。单击"确定"按钮，该画笔库将替换面板中的画笔；单击"追加"按钮，可以将选择的画笔库添加到原有画笔后面；单击"取消"按钮，则取消画笔的添加操作。

图2-122

2.4.2　自定义画笔笔触

当用户自定义特殊画笔时，只能定义画笔的形状，而不能定义画笔的颜色。因为使用画笔绘画时，颜色都是由前景色的颜色决定的。

实战9　绘制逼真镜头图标

该实例制作了一款仿真的西瓜图标。没错，这不是照片，而是使用Photoshop CC绘制的，其操作步骤不是很复杂，很难想象西瓜自然粗糙的纹理是怎么绘制的吧，很简单，应用Photoshop CC的画笔工具和图案，绘制出它就是这么简单。最终效果如图2-123所示。

图2-123

使用到的技术	钢笔工具、剪贴蒙版、载入画笔、图层蒙版
学习时间	20分钟
视频地址	视频\第2章\逼真的西瓜图标.swf
源文件地址	源文件\第2章\逼真的西瓜图标.psd

01 执行"文件>新建"命令，弹出"新建"对话框，新建一个文档，如图2-124所示。使用"钢笔工具"，设置"工具模式"为"形状"在画布中创建如图2-125所示的形状，"填充"为RGB（127、130、66）。

图2-124

图2-125

02 按快捷键【Ctrl+J】复制该形状，将其略微向上移动，并按快捷键【Ctrl+Alt+G】创建剪贴蒙版，如图2-126所示。双击该图层缩览图，弹出"图层样式"对话框，选择"渐变叠加"选项进行相应设置，如图2-127所示。

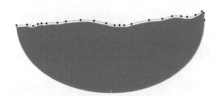

图2-126

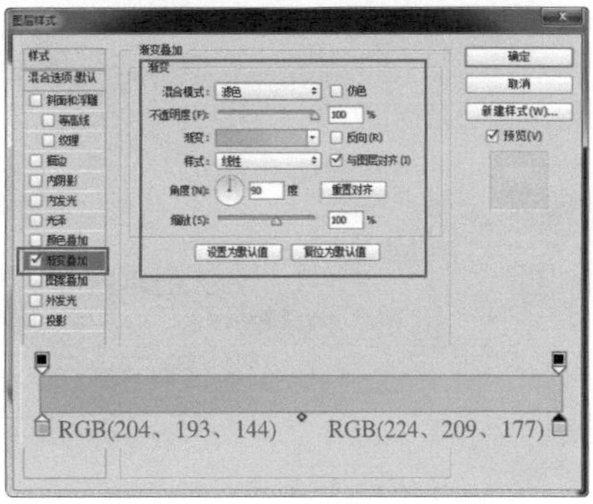

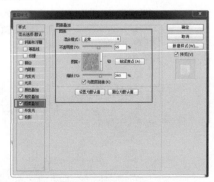

图2-127

03 继续在对话框选择"图案叠加"选项进行相应设置，如图2-128所示。若无法在图案选取器中找到相应的图案，可以载入预设图案。操作步骤如图2-129所示。

图2-128

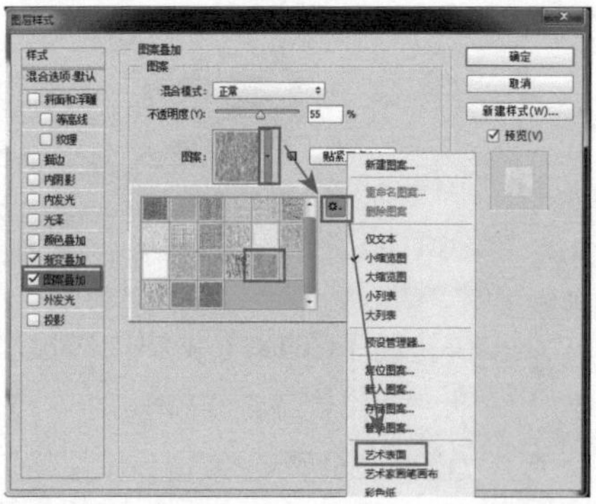

图2-129

04 设置完成后单击"确定"按钮，可以看到图形效果，如图2-130所示。使用"钢笔工具"创建另一个形状，颜色任意，并按快捷键【Ctrl+Alt+G】创建剪贴蒙版，如图2-131所示。

图2-130

图2-131

05 双击该图层缩览图，弹出"图层样式"对话框，选择"渐变叠加"选项进行相应设置，如图2-132所示。设置完成后单击"确定"按钮，图形效果如图2-133所示。

图2-132

图2-133

06 使用"画笔工具"，打开笔刷选取器选择合适的笔刷，并适当进行设置，如图2-134所示。为该图层添加蒙版，使用黑色画笔在瓜瓤边缘涂抹出粗糙的纹理，如图2-135所示。

图2-134

图2-135

07 使用相同方法完成相同内容的制作，如图2-136所示。使用"钢笔工具"创建一个不规则的形状，并为其创建剪贴蒙版，如图2-137所示。

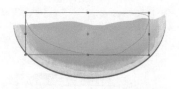

图2-136

图2-137

08 双击该图层缩览图，弹出"图层样式"对话框，选择"内发光"选项进行相应设置，如图2-138所示。修改该图层"填充"为5%，图形效果如图2-139所示。

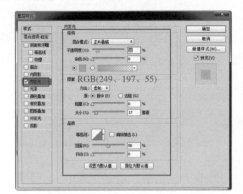

图2-138

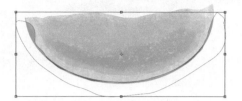

图2-142

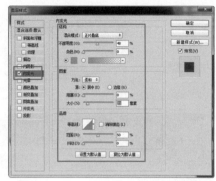

图2-143

图2-139

09 将"形状1"多次复制，分别修改"填充"颜色，并分别添加蒙版，使用各种不规则的笔刷处理出不同的纹理效果，如图2-140和图2-141所示。

11 修改该图层"填充"为5%，图形效果如图2-144所示。在"图层"面板中选中除"背景"图层外的全部图层，按快捷键【Ctrl+G】进行编组，并将其重命名为"西瓜瓤"，如图2-145所示。

图2-140

图2-144

图2-141

图2-145

10 使用"钢笔工具"在"形状2"下方创建如图2-142所示的形状，并为其创建剪贴蒙版。双击该图层缩览图，弹出"图层样式"对话框，选择"内发光"选项设置参数值，如图2-143所示。

12 使用"钢笔工具"将"路径操作"设置为"合并形状"，在西瓜瓤上创建瓜籽，"填充"为RGB（48、26、28），如图2-146所示。使用相同方法创建一些白色的碎片，并为其创建剪贴蒙版，如图2-147所示。

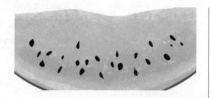

图2-146

图2-147

> 提示：创建西瓜籽时，用户可以只创建其中的一粒，然后使用"路径选择工具"反复复制这个形状，并小幅度进行调整。

⑬ 设置该图层"填充"为15%，图形效果如图2-148所示。使用相同方法完成相似内容的制作，如图2-149所示。

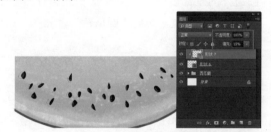

图2-148

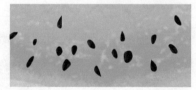

图2-149

⑭ 使用"钢笔工具"在"形状6"下方创建如图2-150所示的形状，"填充"为RGB（216、159、3）。双击该图层缩览图，弹出"图层样式"对话框，选择"内发光"选项进行相应设置，如图2-151所示。

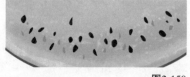

图2-150

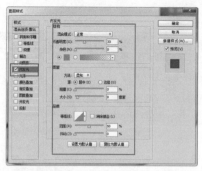

图2-151

⑮ 设置该图层"填充"为30%，图形效果如图2-152所示，在"图层"面板中选中相关的图层，按快捷键【Ctrl+G】进行编组，并将其重命名为"西瓜籽"，如图2-153所示。

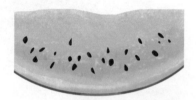

图2-152

图2-153

⑯ 在"背景"图层上方新建"图层1"，使用"椭圆选框工具"在西瓜下方创建一个羽化10像素的选区，并填充黑色，如图2-154所示。适当调整其形状，并使用"橡皮擦工具"擦虚投影的两端，如图2-155所示。

图2-154

图2-155

提示：用户也可以先创建不羽化的选区，然后执行"选择>修改>羽化"命令，或按快捷键【Shift+F6】，对选区进行羽化。

⑰ 为"西瓜瓢"图层组添加蒙版，使用不规则的笔刷适当涂抹西瓜上方，效果如图2-156所示，"图层"面板如图2-157所示。

图2-156

图2-157

⑱ 隐藏"背景"图层，执行"图像>裁切"命令，裁掉图像周围的透明像素，如图2-158所示。执行"文件>存储为Web所用格式"命令，弹出"存储为Web所用格式"对话框，对图像进行优化存储，如图2-159所示。

图2-158

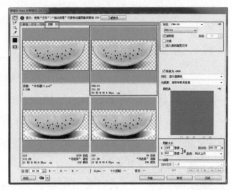

图2-159

2.5　钢笔工具

Photoshop CC中的"钢笔工具"，可用于绘制具有最高精度的路径，"钢笔工具"属于矢量绘图工具，其优点是可以勾画出平滑的曲线，在缩放或者变形之后仍能保持平滑效果。当无法使用普通的形状工具创建出复杂的图形时，就需要用"钢笔工具"进行创建。如图2-160所示为"钢笔工具"的"选项"栏。

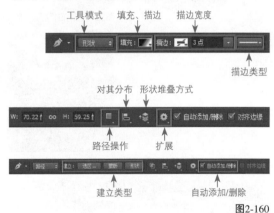

图2-160

- 工具模式：该选项用于设置钢笔工具绘制图形的方式，下拉列表中有形状、路径和像素3个选项。

  ◇ 形状："工具模式"下拉菜单中选择"形状"选项，在画布中可绘制出形状图像，形状是路径，它出现在"路径"面板中。

  ◇ 路径：在"工具模式"下拉菜单中选择"路径"选项，可以在画布中绘制路径。可以将路径转换为选区、创建矢量蒙版，也可以为其填充和描边，从而得到栅格化的图形。

◇ 像素：在"工具模式"下拉菜单中选择"像素"选项，在画布中能够绘制出栅格化的图像，其中图像所填充的颜色为前景色，由于它不能创建矢量图像，因此，在"路径"面板中不会显示路径。

> 提示：使用"形状"模式可以在Photoshop CC中创建矢量图形，这就意味着该图形可以被任意放大而不会模糊，而且更利于修改和编辑形状，所以较常使用

● 填充/描边：用于指定所要创建的形状的填充或描边，用户可以根据操作需求选择无、纯色、渐变或图案，如图2-161所示。

图2-161

> 提示：单击参数设置面板中的 图标可将当前形状的"填充"设置为"无"。另外，用户可以通过双击形状图层的缩览图快速修改其"填充"。

● 描边宽度：用于设置形状描边的宽度，可直接在文本框中输入参数值。

● 对齐分布：用来设置路径的对齐与分布方式。单击该按钮，可弹出对齐与分布菜单，如图2-162所示。使用"路径选择工具"选择两个或两个以上的路径，选择不同的选项，路径可按不同的方式进行排列分布。

● 形状堆叠方式：单击该按钮，弹出形状堆叠

方式选项，如图2-163所示。选择不同的选项，可以调整形状的堆叠顺序，调整顺序的所有形状必须在同一个图层中。

图2-162　　　　　　图2-163

● 路径操作：路径操作用于设置路径的组合方式，共有新建图层、合并图层、减去顶层形状、与形状区域相交、排除重叠形状和合并形状组建等6个选项，如图2-164所示分别为不同路径操作方式的效果。

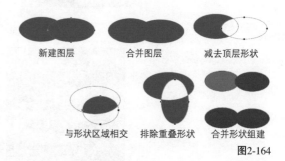

新建图层　　　　合并图层　　　　减去顶层形状

与形状区域相交　　排除重叠形状　　合并形状组建

图2-164

● 描边类型：单击该图标可打开"描边选项"面板，如图2-165所示。用户可在此设置描边对其方式、端点和角点。

> 提示：单击"描边选项"描边下方的"更多选项"图标，可在弹出的"描边"对话框中自定义描边样式，并将其存储。

● 扩展设置：单击该图标可在弹出的面板中做更多的设置，如图2-166所示。

图2-165

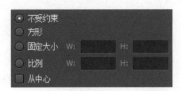

图2-166

- 建立类型：单击不同的按钮选项，可以将绘制的路径转换为不同的对象类型。

  ◇ "选区"按钮：单击"选区"按钮，将弹出"创建选区"对话框，如图2-167所示。在该对话框中可以设置选区的羽化范围及创建方式，选择"新建选区"选项，单击"确定"按钮，可将当前路径完全转换为选区，如图2-168所示。

图2-167

图2-168

  ◇ "蒙版"按钮：可以沿当前路径边缘创建矢量蒙版，如图2-169所示。

  ◇ "形状"按钮：可以沿着当前路径创建形状图层并为该图层填充前景色，如图2-170所示。

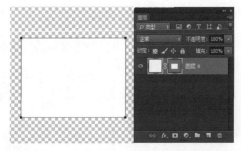

图2-169

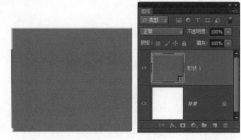

图2-170

2.5.1 创建路径

使用"钢笔工具"可以创建闭合或者不闭合的路径，单条或多条路径。以下是创建路径的具体操作方法与详细图解，如图2-171所示。

1．使用"钢笔工具"在画布中任意位置单击插入第一个锚点。

2．继续在其他位置单击插入第二个锚点，并拖拽控制手柄控制路径形状。

3．使用相同方法插入更多的锚点，并拖拽控制手柄调整路径形状。

4．若要闭合路径，单击第一个锚点，并拖拽控制手柄调整路径形状。

5．松开鼠标，完成该闭合路径的创建。

图2-171

> **提示**：若要创建多条不闭合的路径，则可在创建完一条路径后单击"钢笔工具"图标取消选择当前路径，再继续创建下一条路径。

2.5.2 编辑路径

使用"钢笔工具"创建路径后，还可以进一步对路径进行编辑。事实上，绝少有人能够一次创建出精准的图形，所以对路径进行编辑是绝对有必要的。下面是Photoshop CC中常用于编辑路径的工具简介。

- 添加锚点工具：使用"添加锚点工具"在路径上单击，可在单击点添加一个锚点。
- 删除锚点工具：使用"删除锚点工具"单击路径上的某一个锚点，可以将其删除。
- 转换点工具：使用"转换点工具"单击路径的平滑点，可以将其转换为角点；使用"转换点工具"单击路径的角点，并拖动控制手柄调整路径形状，可以将其转换为平滑点，如图2-172所示。

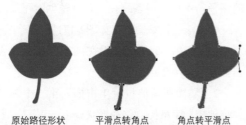

| 原始路径形状 | 平滑点转角点 | 角点转平滑点 |

图2-172

- 路径选择工具：使用"路径选择工具"单击路径的任意部分，即可将整条路径全部选中。例如要复制路径，或者单击调整复合路径中的单个路径，就需要首先使用"路径选择工具"选中相应的路径。
- 直接选择工具：用户可以使用"直接选择工具"单击选择路径上的单击锚点，或者拖选多个锚点，并且可以调整每个锚点的控制手柄。

2.5.3 路径的变换操作

使用"路径选择工具"选择路径，执行"编辑>变换路径"命令，在该命令的子菜单中，包括各种变换路径命令，执行路径变换命令时，当前路径上会显示出定界框、中心点和控制点，如图2-173所示。路径的变换方法与变换图像的方法相同，这里不再赘述。

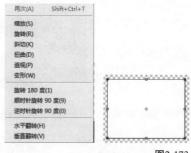

图2-173

2.6 形状工具

Photoshop CC的"工具箱"中包含5个形状工具，它们分别是矩形工具、圆角矩形工具、椭圆工具、多边形工具、直线工具和自定形状工具。这些工具可以帮助用户快速创建出许多规则的、较为常用的形状，被大量应用于UI设计与制作。

矩形工具、圆角矩形和椭圆工具

顾名思义，矩形工具、圆角矩形工具和椭圆工具就是用来创建矩形、圆角矩形和椭圆的，用户只需要在"工具箱"中单击选择相应的工具，然后在画布中拖动即可创建出矩形、圆角矩形或椭圆，如图2-174所示。此外用户也可以使用相应的工具在画布中单击，通过"创建矩形/圆角矩形/椭圆"对话框创建精确尺寸的矩形、圆角矩形或椭圆，如图2-175所示。

图2-174

图2-175

矩形工具、圆角矩形和椭圆工具的"选项栏"与钢笔工具的"选项栏"极为相似,前面我们已经详细介绍过"钢笔工具"的"选项栏"。这里不再重复讲解。

> **提示:** 使用"椭圆工具、圆角矩形工具和矩形工具"在画布中拖动鼠标的同时按下【Shift】键,可以创建出正圆、圆角方形和正方形。

多边形工具和直线工具

"多边形工具"用于在文档中创建多边形和星形,如图2-176所示为"多边形工具"的"选项"栏。"直线工具"用于在文档中创建直线,该工具的使用方法极为简单,此处不做讲解。

图2-176

- 边:用于设置所要创建的多边形的边数,可以在文档框中直接输入具体的数值。
- 扩展设置:单击该图标弹出如图2-177所示的参数面板,如图2-178所示分别为只勾选"星形"和勾选所有选项时所创建的星形效果。

图2-177　　　　　　　图2-178

自定义形状

"自定形状工具"允许用户创建一些比较常用的形状,例如各种箭头、花纹、动物和标志等,这些形状通常无法直接使用规则的形状工具创建出来。如图2-179所示为"自定形状工具"的"选项"栏。

图2-179

- 形状:单击该图标弹出形状选取器,如图2-180所示,用户可在此选择系统预设的各

种图形进行绘制。单击形状选取器右上方的 图标,弹出如图2-181所示的扩展菜单。

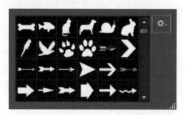

图2-180

图2-181

默认设置下,形状拾取器中并不会显示所有的预设形状,用户可以单击其右上方的扩展图标,在弹出的菜单中选择"全部"命令,载入Photoshop CC预设的全部形状。

> **提示:** 用户可以通过执行"编辑>定义自定形状"命令将自己创建的形状或路径添加到形状选取器中,使用"像素"模式绘制的形状无法被定义为新的形状。

实战10　绘制手机信息App图标

本实例制作了一个常用的手机信息App图标,图标整体感觉大气而又不失细节,能够充分展现应用程序的功能。

总体来说,这款图标的操作步骤比较简单,制作时应仔细调整每个形状的位置。最终效果如图2-182所示。

图2-182

使用到的技术	钢笔工具、图层样式、创建选区、圆角矩形工具
学习时间	20分钟
视频地址	视频\第2章\绘制手机信息App图标.swf
源文件地址	源文件\第2章\绘制手机信息App图标.psd

01 执行"文件>新建"命令，弹出"新建"对话框，新建一个空白文档，如图2-183所示。在"渐变编辑器"面板中设置"前景色"为从RGB(56、67、113)到RGB（10、18、40）的线性渐变，如图2-184所示。

图2-183

图2-184

02 使用"圆角矩形工具"在画布中单击，在"创建圆角矩形"对话框中设置各项参数如图2-185所示。单击"确定"按钮，创建"填充"颜色为RGB(223、231、251)的圆角矩形。如图2-186所示。

图2-185

图2-186

03 双击该图层缩览图，弹出"图层样式"对话框，选择"描边"选项设置参数值，如图2-187所示。在对话框中选择"内阴影"选项设置参数

值，如图2-188所示。

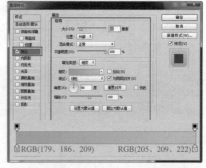

图2-187

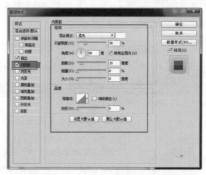

图2-188

04 继续在对话框中选择"渐变叠加"选项设置参数值，如图2-189所示。在对话框中选择"投影"选项设置参数值，如图2-190所示。

图2-189

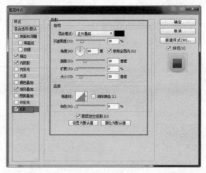

图2-190

05 设置完成后单击"确定"按钮，图像效果如图2-191所示。新建"图层1"使用"矩形选框工具"绘制从白色到透明的矩形，并按快捷键【Ctrl+Alt+G】创建剪贴蒙版，如图2-192所示。

图2-191

图2-192

06 新建"图层2"使用"画笔工具"，打开笔刷选取器选择合适的笔刷，并适当进行设置，画笔颜色为RGB（169、181、223），如图2-193所示。修改该图层"不透明度"为55%，并创建剪贴蒙版，如图2-194所示。

图2-193

图2-194

07 使用相同的方法绘制"图层3"画笔颜色为RGB(255、255、255)，如图2-195所示。使用"矩形选框工具"，绘制一个羽化为5的选区，为选区填充颜色为RGB（160、171、209），如图2-196所示。

图2-195

图2-196

08 使用调整工具对图形进行调整，并为其创建剪贴蒙版，修改该图层"填充"为80%，图形效果如图2-197所示。新建"图层5"，使用"钢笔工具"绘制路径，并建立羽化半径为5的选区，填充为RGB（215、42、42），如图2-198所示。

图2-197

图2-198

09 使用相同的方法绘制"图层6"，为该图层添加蒙版，使用画笔工具涂抹阴影效果，如图2-199所示。使用"圆角矩形工具"绘制填充颜色为RGB（237、241、255）的矩形，并创建剪贴蒙版，效果如图2-200所示。

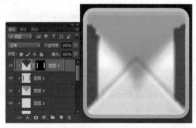
图2-199

图2-200

10 为该图层添加蒙版，双击该图层缩览图，弹出"图层样式"对话框,分别选择"内阴影"和"投影"选项设置参数值,如图2-201所示。单击"确定"按钮,图形效果如图2-202所示。

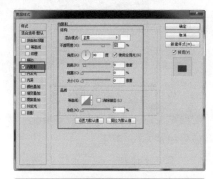

图2-201

图2-202

⑪ 复制"图层1",将其移到"形状2"图层上面,调整其大小,如图2-203所示。复制"形状2"将其略微上移,双击该图层缩览图,调整"内阴影"选项设置参数值,如图2-204所示。

图2-203

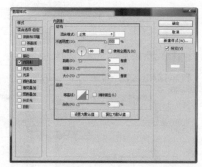

图2-204

⑫ 单击"确定"按钮,图像效果如图2-205所示。复制"形状2 拷贝"将其略微上移,改变形状填充颜色为RGB(237、241、255),重新创建图层蒙版,调整图层样式,效果如图2-206所示。

图2-205

图2-206

⑬ 使用"圆角矩形工具"绘制填充为黑色的矩形,为其创建剪贴蒙版,双击该图层缩览图,设置"内阴影"选项设置参数值,如图2-207所示。效果如图2-208所示。

图2-207

图2-208

⑭ 执行"图层>裁切"命令，裁掉文档边缘的透明像素，如图2-209所示。执行"文件>存储为Web所用格式"命令，弹出"存储为Web所用格式"对话框，对图像进行优化，并将其存储为透底图像，如图2-210所示。

图2-209

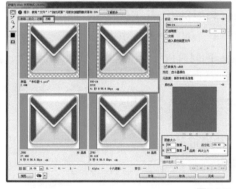

图2-210

2.7 扩展练习

本实例制作了一款金属质感的图标。其中云朵部分使用内阴影、斜面和浮雕、颜色叠加样式体现立体感，圆角矩形部分使用描边、斜面和浮雕，高光部分是使用渐变叠加绘制出金属效果的。最终效果如图2-211所示。

图2-211

源文件地址：源文件\第2章\制作云朵立体图标.PSD
视频地址：视频\第2章\制作云朵立体图标.SWF

1. 使用"钢笔工具"绘制云朵图形并复制图层，调整大小。	2. 复制"图层1"，为"图层2"建立选区，按【Delete】键删除选区。创建镂空云朵。
3. 使用"圆角矩形工具"绘制金属质感的圆角矩形图标。	4. 将镂空云朵图标复制到金属质感图标组中为其添加图层样式。

2.8 本章小结

本章主要介绍了一些有关图标设计的理论知识和Photoshop CC中"图层"面板的操作技法；使用画笔工具绘制不同图案的方法；钢笔工具创建路径的方法，并使用其他工具对路径进行调整；形状工具创建复合形状的操作方法。

图标也是网页和各种软件界面中使用极为普遍的元素，它们不仅可以帮助和引导用户完成各种操作，还可以在一定程度上美化界面，使整个界面效果更加丰富有趣，从而吸引浏览者的注意。

第2章　练习题

一、填空题

1. 图标设计的绘制具有（　　　　）、（　　　　）、差异性原则（　　　　）和创造性原则。

2. （　　　　）是一种类似于合并图层的操作，它可以将多个图层的内容合并为一个目标图层，同时保持其他图层完好。

3. 使用钢笔工具的（　　　　）可以在Photoshop CC中创建（　　　　），这就意味着该图形可以被任意放大而不会模糊，而且更利于修改和编辑形状，所以较常使用。

4. （　　　　）在UI交互设计中无处不在。（　　　　）是UI界面设计的关键部分。

5. 编辑路径的方法有（　　　）、（　　　）、（　　　）、（　　　）和直接选择工具。

二、选择题

1. Photoshop CC的"工具箱"中包含5个形状工具，它们分别是（　）、（　）、（　）、多边形工具、直线工具和自定形状工具。

    A. 矩形工具、圆角矩形工具、圆形工具　　B. 矩形工具、直线段工具、椭圆工具

    C. 矩形工具、直线段工具、圆形工具　　D. 矩形工具、圆角矩形工具、椭圆工具

2. "图像>新建>图层"命令的快捷键为（　），新建文件的快捷键（　），可以将这两个快捷键一起进行记忆。

    A. Ctrl+Shift+NCtrl、Ctrl+N　　　　B. Ctrl+Shift+N、Ctrl+Shift+N

    C. Ctrl+N、Ctrl+N　　　　D. Ctrl+N、Ctrl+Shift+N

3. 使用（　）、（　）和（　）在画布中拖动鼠标的同时按下Shift键，可以创建出正圆、圆角方形和正方形。

    A. 矩形工具、圆角矩形工具、圆形工具　　B. 矩形工具、直线段工具、椭圆工具

    C. 矩形工具、直线段工具、圆形工具　　D. 椭圆工具、圆角矩形工具、矩形工具

4. 当我们在Photoshop中建立新图像时，可以为图像设定（　）（　）（　）。

    A. 图像的名称、图像的大小、图像的色彩模式

    B. 图像的名称、图像的色彩模式、图像的存储格式

    C. 图像的名称、图像的色彩模式、图像的存储格式

    D. 图像的大小、图像的色彩模式、图像的存储格式

5. 以下工具可以编辑路径的有（　）。

    A. 钢笔和铅笔工具　　　　B. 钢笔和直接选择工具

    C. 直接选择工具和转换点工具　　D. 钢笔和转换点工具

三、简答题

使用钢笔工具创建路径的过程是怎样的？

第3章　网页设计

作为了解和获取各种实时信息的主要途径，网页对于我们生活的重要性已经不言而喻了。那么究竟怎样的网页才算是成功的？网页的构成元素有哪些，又有哪些设计原则呢？本章将会一一作答。

3.1 了解网页UI

网页是一个包含文字、图像和各种多媒体文件的html文档。

3.1.1 什么是网页设计

通俗地说，一张网页就是一个html格式的文档，这个文档又包含了文字、图片、声音和动画等其他格式的文件，这张网页中的所有元素被存储在一台与互联网相连接的计算机中。

当用户发出浏览这张页面的请求时，就由这台计算机将页面中的所有元素发送至用户的计算机，然后再由用户的浏览器将这些元素按照特定的布局方式显示出来，就是我们实际看到的网页的样子。

3.1.2 网页设计的分类

一张网页中的基本元素是相对单一的，如文本、图像、音频和视频等，但网页中所包含的具体信息却包罗万象。网页界面根据具体内容和风格的不同，大致可以分为三大类型：环境性界面、情感性界面和功能性界面。

环境性界面

环境性网页界面所包含的内容非常广泛，包括经济、文化、科技、时事政治、历史、民族、宗教信仰和风俗习惯等，如图3-1所示为两款环境性网页界面。网页界面设计也会受到社会环境和主流文化的直接影响，网站页面的风格、版式和内容只有在顺应社会主流文化和符合大众需求的情况下才能被接受。

图3-1（续）

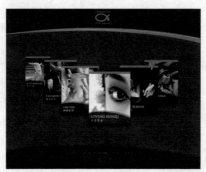

图3-1

情感性界面

人是有感情的，当一件事物真正地感动了受众，引起人们在情感上的强烈共鸣时，就会被牢牢地记住，网页设计也是如此。如果一款网页的版式新奇独特，配色活泼艳丽，相信也会为浏览者所认同和喜爱。如图3-2所示为两款成功的情感性网页界面。

图3-2

功能性界面

功能性界面所占的比例很大，主要用来展示产品和相关信息，它实现的是使用性内容。一款优秀的功能性网页界面应该能够使浏览者快速了解该网页最终的目的或产品信息，并能根据需求快速检索到需要的信息，如图3-3所示。

图3-3

3.2 网页界面构成元素

　　网页中的元素多种多样，其中比较常见的有文字、图像、动画、音频和视频等，还有通过代码实现的各种动态交互效果。这些元素都各有特点，合格的设计师总是可以将不同的元素有条有理地组合在一起，制作出一张美观协调的页面。

3.2.1 文字

　　文字最大的优势主要体现在两方面。一是占存储空间小。50个中文字符只占1k，但将这50个汉字以黑色黑体12点存储为JPG图像，却需要至少30k。二是信息传达效果明确。同样一张图像，在不同的人眼里总是会被解读成不同的含义。但文字却不同，只要是识字的人，基本都能很准确地接收到所要表达的意思。

　　网页中的文字通常包括标题、正文、信息和文字链接四种类型。其中正文的篇幅往往会比较大，所以设计版面时要照顾到文字，最好能够把大片的文字分割成几块，以免版面呆板或失调，降低整体的美观度。

　　如图3-4所示是两款包含大片文字的网页。由此可见，只要功夫到家，即使是最不起眼的文字同样也可以充满设计感。

图3-4

3.2.2 图像

　　现如今的网页设计领域可谓是色彩横行、图片当道的局面。这也难怪，毕竟相较于文字来说，具体直观、色彩丰富的图像更能刺激人们的感官。而且依托先进完善的图像压缩技术，即使是色彩过渡极其丰富的图像文件，也能够在保证品质的前提下被压缩到一个令人满意的大小，我们又何乐而不为呢？

　　网页中常用的图像格式有JPG、GIF和PNG等，其中以JPG和GIF为主。这两种格式的图像均支持24位真彩色，而且压缩比率都比较高，能够在画质和文件大小之间找到平衡点，并且能够得到大部分浏览器的支持。这两种格式的图像下载速度快，因为具有跨平台属性，所以无需安装插件即可直接显示和浏览，如图3-5所示。

图3-5

3.2.3 色彩

在网页设计中，各种色块主要用来连接和过渡不同的元素和版块，从而使页面整体效果更加平衡、协调、丰富。根据页面类型和内容的不同，所使用的颜色也应该随之变化，例如环保旅游类的网页可以使用蓝色或绿色；儿童类网站最好使用天蓝色、粉色或黄色；女性美容养生类页面适合使用粉红色等，如图3-6所示。

图3-6

3.2.4 多媒体

网页界面中的多媒体元素主要包括Flash动画、音频和视频，其中Flash动画的应用现在已经比较普遍了。

这些多媒体元素的应用能够使网页更时尚更炫酷，但在使用前一定要确定用户的网络带宽是否能够快速下载这样的高数据量，不要单纯为了炫耀高新技术而降低用户的体验，这是很不明智的做法。如图3-7所示为两款活泼有趣的动画页面。

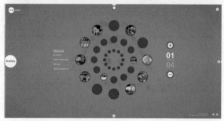

图3-7

3.3 网页设计的原则

网页界面是展现企业形象、介绍产品和服务、体现企业发展战略的重要途径。设计之前首先要明确设计页面的目的和用户需求，从而规划出切实可行的设计方案。成功的网页设计应该与消费者的需求、市场的状况和企业自身的情况相符，以"消费者"为中心，而不是以"美术"为中心进行设计规划。下面是网页界面的设计原则。

3.3.1 视觉美观性原则

视觉美观是网页设计最基本的原则。试想一下，如果一个网页的用色俗气，版式杂乱无章，文字难以辨认，而且错字频出……这样一款设计糟糕的页面连让用户看第二眼的欲望都没有，又何谈宣传推广，招徕顾客呢？

设计网站页面时应该灵活运用对比与调和、对称与平衡、节奏与韵律以及留白等技巧，通过空间、文字、图形之间的相互联系建立整体的均衡状态，确保整个界面效果协调统一。巧妙运用点、线、面等基本元素，巧妙地互相穿插、互相衬托、互相补充构成完美的页面效果，充分表达完美的设计意境，如图3-8所示。

图3-8

> 提示：不同的平台有不同的调色板，这会导致同一张图像在不同计算机中的显示效果不一致，因此人们一致通过了一组在所有浏览器中都类似的Web安全颜色。

3.3.2　主题突出原则

网页界面的具体内容应针对所服务对象的不同而具有不同的形式。有些网页界面只需提供简洁的文本信息即可，有些则需要采用多媒体表现手法。成功的网页设计应该把图形表现手法和有效的组织与通信结合起来。

为了到达主题鲜明突出的效果，设计师应该充分了解客户的要求和用户的具体需求，以简单明确的语言和图像体现页面的主题，如图3-9所示。

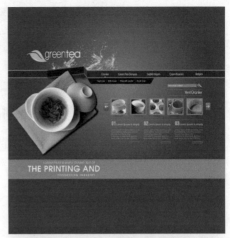

图3-9

3.3.3　整体性原则

网页的整体性包括内容上的整体性和形式上的整体性。网页的内容主要是指Logo、文字、图片和动画等要素，形式则是指整体版式和不同内容的布局方式，一款合格的网页应该是内容和形式高度统一的，我们需要做好以下两方面的工作。

- 表现形式要符合主题的需要。

一款页面如果只是一味地追求花哨的表现形式，过于强调创新而忽略具体内容，或者只追求功能和内容而采用平淡乏味的表现形式，都会使页面变得苍白无力。只有将二者有机统一，才能真正设计出独具一格的页面。

- 确保每个元素存在的必要性。

设计页面时，要确保每个元素都是有必要存在的，不要单纯为了展示所谓的高水准设计和新技术添加一些没有意义的元素，这会使用户感到强烈的无所适从感，如图3-10所示。

图3-10

3.3.4 为用户考虑原则

为用户考虑的原则实际上就是要求设计者要时刻站在浏览者的角度来考虑，主要体现在以下几个方面。

使用者优先观念

网站页面设计出来的目的就是吸引浏览者使用，所以无论什么时候都应该谨记以用户为中心的观念。用户需要什么，设计者就应该去做什么。即使一款网页界面设计得再具有艺术感，若非用户所需，那它还是失败的。

考虑用户的网络连接

制作网页时需要考虑用户的带宽。有些用户的网络连接状况可能不是很好，所以在进行网页设计时就必须综合考虑各种情况，并求出一个较为合理的中间值。若非必要，尽量不要使用过大的、需要很长时间下载的内容，例如视频。

考虑用户浏览器

如果想要让所有浏览者都可以畅通无阻地浏览页面内容，那么最好不要使用只有部分浏览器才支持的技术和文件，而应采用支持性较好的技术，例如文字和图像。

3.3.5 更新和维护原则

一个好的网站需要定期或不定期地更新内容，才能不断地吸引更多的浏览者，网站页面更新和维护的主要内容有以下5个。

- 服务器及相关软硬件的维护。对可能出现的问题进行评估，制定响应时间。
- 数据库维护。有效利用数据是网站维护的重要内容，因此数据库的维护要受到重视。
- 内容的更新和调整。
- 制定相关网站维护的规定，将网站维护制度化、规范化。
- 做好网站安全管理，防范黑客入侵网站，检查网站各个功能，链接是否有错。

3.4 网页界面布局形式

网页界面的设计主要有单页和分栏两种，在设计时应根据不同的网页性质和页面内容选择合适的布局形式，页面布局形式可分为以下几种类型。

3.4.1 标题型

标题型的表现形式是上面是标题，网页下面是文字部分，一些文字文章、公司简介、注册页面多属于这种类型，如图3-11所示。

图3-11

图3-11（续）

图3-13（续）

3.4.2 左右框架型

左右框架型是一种分为左右布局的网页，其页面结构非常清楚，一目了然，如图3-12所示。

图3-12

3.4.4 综合型

综合型网页是一种比较全面的布局方式，它是左右框架型与上下框架型相结合的表现，如图3-14所示。

3.4.3 上下框架型

它同左右框架型相似，不同之处在于上下框架型是把网页分为了上下结构布局的网页，如图3-13所示。

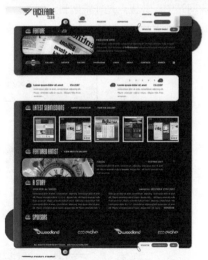

图3-14

图3-13

3.4.5 动画型

动画型是目前非常流行的网页设计表现形式之一，主要指的是使用Flash的网页。由于Flash的功能非常强大，因此页面所表达的信息更加形象直观，视觉效果出众，如图3-15所示。

图3-15

3.4.6 图片型

这种类型的网页设计，给人感觉形象、直观、精美，通常出现在服装类网页、时尚类网页或是企业网站中，其优点是非常醒目、美观、视觉感染力强，但缺点是下载的速度慢，如图3-16所示。

图3-16

实战11 绘制简单的网站导航栏及按钮

本实例制作了网站中最重要的两个部分，导航栏及按钮。实例中反复使用圆角矩形工具、矩形工具及图层样式，整体比较简单，需要耐心完成制作。最终效果如图3-17所示。

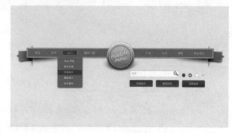

图3-17

使用到的技术	圆角矩形工具、图层样式、文字工具、选区
学习时间	40分钟
视频地址	视频\第3章\绘制简单的导航栏及按钮.swf
源文件地址	源文件\第3章\绘制简单的导航栏及按钮.psd

01 执行"文件>新建"命令，弹出"新建"对话框，新建一个空白文档，如图3-18所示。新建图层，填充颜色为RGB(240、237、218)，如图3-19所示。

图3-18

图3-19

02 使用"矩形工具"绘制任意颜色的矩形，如图3-20所示。双击该图层缩览图，弹出"图层样式"对话框，选择"描边"选项设置参数值，如图3-21所示。

图3-20

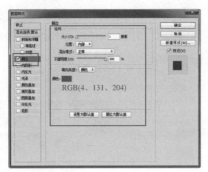

图3-21

03 继续在"图层样式"对话框中选择"内阴影"选项设置参数值，如图3-22所示。选择"颜色叠加"选项设置参数值，如图3-23所示。

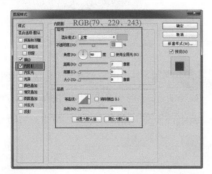

图3-22

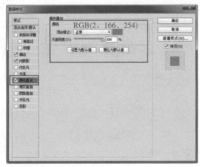

图3-23

04 使用相同的方法绘制"矩形 2"，如图3-24所示。使用"矩形工具"绘制矩形形状，如图3-25所示。

图3-24

图3-25

05 使用"多边形工具"绘制三角形形状，如图3-26所示。选中"矩形 3"和"多边形 1"单击鼠标右键在下拉菜单中选择"合并形状"如图3-27所示。

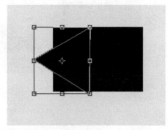

图3-26

图3-27

06 双击该图层缩览图，弹出"图层样式"对话框，选择"渐变叠加"选项设置参数值，如图3-28所示。设置完成后，调整图层顺序，效果如图3-29所示。

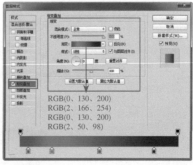

图3-28

图3-29

07 使用相同的方法绘制"多边形 2",如图3-30所示。使用"多边形工具"绘制三角形状,如图3-31所示。

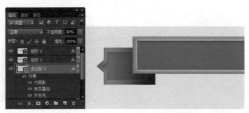

图3-30

图3-31

08 打开"图层样式"对话框,选择"颜色叠加"选项设置参数值,如图3-32所示。设置完成后,调整图层顺序,效果如图3-33所示。

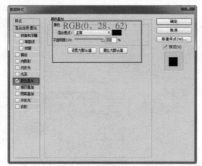

图3-32

图3-33

09 新建"图层 2",使用"矩形选框工具"建立选区,如图3-34所示。使用"画笔工具"为选区填充颜色,如图3-35所示。

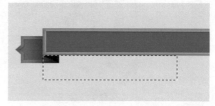

图3-34

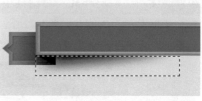

图3-35

10 使用相同的方法绘制其他阴影,效果如图3-36所示。将相关图层按快捷键【Ctrl+G】进行编组,重命名为"左",如图3-37所示。

图3-36    图3-37

11 复制图层组"左"得到"左 拷贝"图层,执行"编辑>变换>水平翻转"命令,效果如图3-38所示。使用"文字工具"在"字符"面板上设置字符属性,如图3-39所示。

图3-38

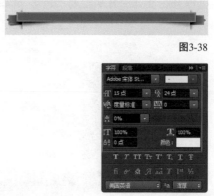

图3-39

⑫ 在导航栏里输入文字，如图3-40所示。打开"图层样式"对话框，选择"投影"选项设置参数值，如图3-41所示。

图3-40

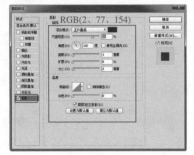

图3-41

⑬ 效果如图3-42所示。使用同样的方法输入其他文字，如图3-43所示。

图3-42

图3-43

⑭ 使用"圆角矩形工具"绘制任意颜色的圆角矩形，如图3-44所示。双击该图层缩览图，弹出"图层样式"对话框，选择"内阴影"选项设置参数值，如图3-45所示。

图3-44

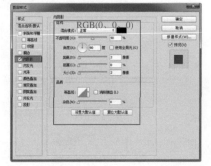

图3-45

⑮ 继续在"图层样式"对话框中选择"渐变叠加"选项设置参数值，如图3-46所示。选择"外发光"选项设置参数值，如图3-47所示。

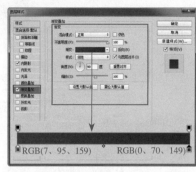

图3-46

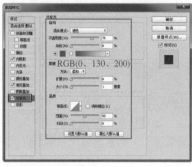

图3-47

⑯ 单击"确定"按钮后，调整图层顺序，效果如图3-48所示。使用相同的方法绘制"圆角矩形2"，如图3-49所示。

图3-48

图3-49

⑰ 使用"矩形工具"设置"工具模式"为"路径"，绘制矩形路径，将路径转换为选区，为选区填充颜色为RGB（129、34、12），如图3-50所示。打开"图层样式"对话框，选择"内阴影"选项设置参数值，如图3-51所示。

图3-50

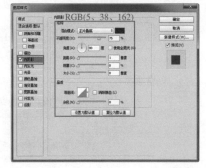

图3-51

⑱ 继续在"图层样式"对话框中选择"颜色叠加"选项设置参数值，如图3-52所示。选择"投影"选项设置参数值，如图3-53所示。

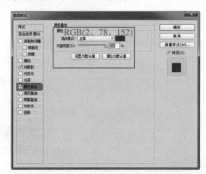

图3-52

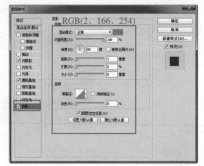

图3-53

⑲ 图像效果如图3-54所示。使用文字工具输入文字，并为文字添加"图层样式"，效果如图3-55所示。

图3-54

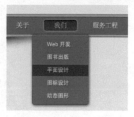

图3-55

⑳ 将相关图层进行编组，重命名为"下拉菜单"，如图3-56所示。将素材"logo 2.png"拖入设计文档合适位置，效果如图3-57所示。

图3-56

图3-57

㉑ 使用"圆角矩形工具"绘制任意颜色的矩形，如图3-58所示。打开"图层样式"对话框，选择"描边"选项设置参数值，如图3-59所示。

图3-58

图3-59

㉒ 继续在"图层样式"对话框中选择"颜色叠加"选项设置参数值，如图3-60所示。选择"内阴影"选项设置参数值，如图3-61所示。

图3-60

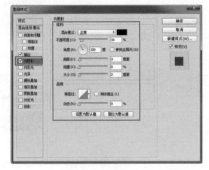

图3-61

㉓ 图像效果如图3-62所示。输入文字"搜索"如图3-63所示。

图3-62　　　　图3-63

㉔ 使用"自定义形状工具"绘制如图3-64所示的形状，并为图形添加图层样式，效果如图3-65所示。

图3-64

图3-65

㉕ 使用相同的方法绘制其他图形，效果如图3-66所示。使用绘制"圆角矩形 1"的方法绘制其他矩形，如图3-67所示。

图3-66

图3-67

㉖ 使用"文字工具"输入文字，并为文字添加效果，如图3-68所示。将相关图层进行编组，完成网页导航及按钮的绘制。如图3-69所示。

图3-68

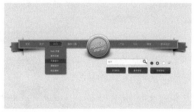

图3-69

3.5 图层的"不透明度"

"图层"面板中有两个控制图层不透明度的选项："不透明度"和"填充"。

- 不透明度："不透明度"用于控制图层、图层组中绘制的像素和形状的不透明度，如果对图层应用了图层样式，则图层样式的不透明度也会受到该值的影响。

- 填充："填充"只影响图层中绘制的像素和形状的不透明度，不会影响图层样式的不透明度。

如图3-70所示为分别调整图层"填充"和"不透明度"的效果。

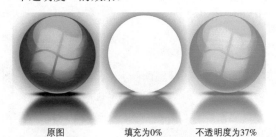

原图　　　　　填充为0%　　　　不透明度为37%

图3-70

> 提示：除了使用画笔、图章、橡皮擦等绘画和修饰工具以外，按键盘中的数字键也可快速修改图层的不透明度。例如：按下【5】键，不透明度会变为50%；按下【0】键，不透明度会恢复为100%。背景图层或锁定图层的不透明度是无法被更改的。要将背景图层转换为支持透明度的普通像素图层，才能更改其不透明度。

实战12　绘制网页中的主体

本实例制作了一个环保类网页中的主体，主体内容比较丰富，制作步骤简单容易，大部分是为文字添加图形效果，总体来说整个实例比较容易绘制。最终效果如图3-71所示。

图3-71

使用到的技术	圆角矩形工具、图层样式、文字工具、钢笔工具
学习时间	55分钟
视频地址	视频\第3章\绘制网页中的主体.swf
源文件地址	源文件\第3章\绘制网页中的主体.psd

01 执行"文件>打开"命令，打开素材"清新的网页设计.psd"，如图3-72所示。使用"文字工具"在"字符"面板上设置字符属性，如图3-73所示。

图3-72　　　　　　　　　　　图3-73

02 在设计文档中输入文字，如图3-74所示。打开"图层样式"对话框，选择"外发光"选项设置参数值，如图3-75所示。

图3-74

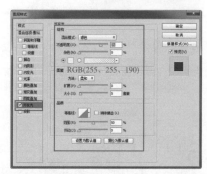

图3-75

03 继续在"图层样式"对话框，选择"投影"选项设置参数值，如图3-76所示。图像效果如图3-77所示。

图3-76

图3-77

04 使用"圆角矩形工具"绘制一个半径为10像素，填充颜色为黑色的圆角矩形形状，如图3-78所示。将该图层的"不透明度"设置为36%，如图如图3-79所示。

图3-78

图3-79

05 复制"圆角矩形 1"得到"圆角矩形 1拷贝"图层，调整该图层的位置，效果如图3-80所示。使用相同的方法再次绘制矩形，如图3-81所示。

图3-80

图3-81

06 使用"文字工具"在设计文档中输入文字，如图3-82所示。使用相同的方法，输入其他文字内容，如图3-83所示。

图3-82

图3-83

07 使用"圆角矩形工具"绘制形状并填充径向渐变，如图3-84所示。使用相同的方法绘制矩形并填充线性渐变，如图3-85所示。

图3-84

81

图3-85

08 重复复制"矩形 1",并将矩形图层,按快捷键【Ctrl+Alt+G】创建剪贴蒙版效果如图3-86所示。使用"文字工具"输入文字,如图3-87所示。

图3-86

图3-87

09 将绘制的图标图层及圆角矩形等图层进行编组,并调整位置及大小,重命名为"栏目 1",如图3-88所示。使用相同的方法绘制"栏目2",如图3-89所示。

图3-88

图3-89

10 使用"圆角矩形工具"绘制一个像素为15,填充颜色为白色,描边颜色为RGB(160、160、160)的圆角矩形,如图3-90所示。使用相同的方法绘制其他图形,效果如图3-91所示。

图3-90

图3-91

11 使用"文字工具"在"字符"面板上设置字符属性,如图3-92所示。在设计文档中输入文字,如图3-93所示。

图3-92　　　　图3-93

12 使用相同的方法绘制其他图像及文字,效果如图3-94所示。将相关图层进行编组,重命名为"搜索",如图3-95所示。

图3-94 图3-95

图3-100 图3-101

⑬ 新建图层，使用"钢笔工具"绘制一条路径，如图3-96所示。打开"画笔预设"面板调整其参数，如图3-97所示。

⑯ 使用"自定义形状"工具绘制如图3-102所示的图形，打开"图层样式"对话框，选择"混合选项"选项设置参数值，如图3-103所示。

图3-96 图3-97

⑭ 打开"路径"面板，单击鼠标右键，在菜单栏中选择"描边路径"如图3-98所示。在弹出的"描边路径"对话框中选择"画笔"，如图3-99所示。

图3-102

图3-103

⑰ 继续在"图层样式"对话框中选择"描边"选项设置参数值，如图3-104所示。选择"内发光"选项设置参数值，如图3-105所示。

图3-98

图3-99

⑮ 单击"确定"按钮后，将路径删除，调整该图层的不透明度为30%，效果如图3-100所示。使用同样的方法绘制其他路径，效果如图3-101所示。

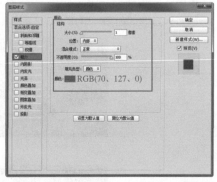

图3-104

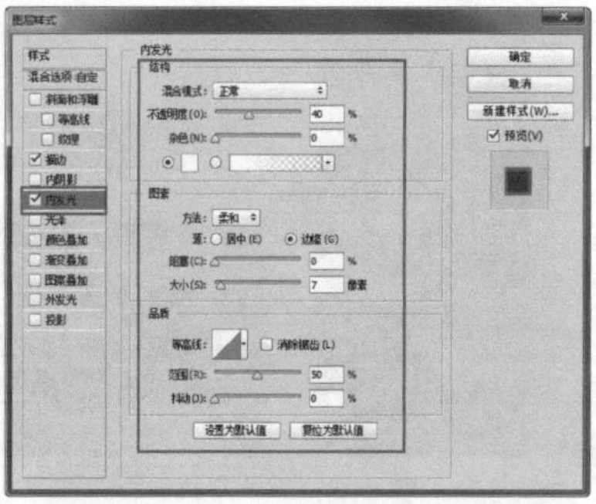

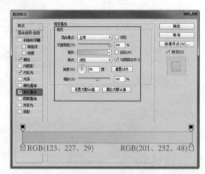

图3-105

⑱ 继续在"图层样式"对话框中选择"渐变叠加"选项设置参数值,如图3-106所示。选择"外发光"选项设置参数值,如图3-107所示。

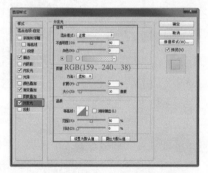

图3-106

图3-107

⑲ 图像效果如图3-108所示。使用相同的方法绘制其他图像,如图3-109所示。

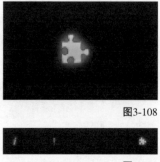

图3-108

图3-109

⑳ 使用前面绘制文字的方法输入其他文字,完成网页主体部分的绘制,最终效果如图3-110所示。

图3-110

3.6 图层的"混合模式"

"混合模式"是Photoshop CC中一项非常重要的功能。简单地说,"混合模式"是将当前一个像素的颜色与它正下方的每个像素的颜色相混合,以便生成一个新的颜色。要理解和掌握Photoshop CC中的混合模式,首先要理解基色、混合色和结果色这三个基本概念。

根据混合模式的用途,可以将Photoshop CC中的混合模式大致分为三类,分别为颜色混合模式、图层混合模式和通道混合模式,下面将详细讲解"图层混合模式"。

Photoshop CC中的"图层"面板中共有27种图层"混合模式",如图3-111和图3-112所示,这些"混合模式"根据算法和效果的不同被分为6大类。分别是组合模式组、加深模式组、减淡模式组、对比模式组、比较模式组和色彩模式组。

图3-111

图3-112

3.6.1 组合模式组

正常模式是Photoshop CC中的默认模式。在此模式下编辑或者绘制的每个像素，都将是结果色，如果图层的不透明度设置为100%，将完全遮盖下方图层。

- 正常：在"正常"模式下调整上方图层的不透明度可以使当前图像与底层图像产生混合效果。
- 溶解：在"溶解"模式下调整不透明度可创建点状喷雾式的图像效果，不透明度越低，像素点越分散。

3.6.2 加深模式组

加深模式组的混合模式可将当前图层像素与底层图像像素进行比较，并使底层图像像素变暗，所以会创建较暗的图像颜色。

- 变暗：查看每个通道中的颜色信息，并选择基色或混合色中较暗的颜色作为结果色。比混合色亮的像素被替换，比混合色暗的像素保持不变，如图3-113所示。
- 正片叠底：查看每个通道中的颜色信息，并将基色与混合色复合。结果色总是较暗的颜色。任何颜色与黑色复合产生黑色，任何颜色与白色复合保持不变。当用黑色或白色以外的颜色绘画时，绘画工具绘制的连续描边产生逐渐变暗的颜色，如图3-114所示。
- 颜色加深：查看每个通道中的颜色信息，并通过增加对比度使基色变暗以反映混合色。与白色混合后不产生变化，如图3-115所示。
- 线性加深："线性加深"与"正片叠底"的效果相似，但产生的对比效果更强烈，相当

于"正片叠底"与"颜色加深"的组合，如图3-116所示。

- 深色：比较混合色和基色的所有通道值的总和并显示较小的颜色，不会生成第三种颜色。

图3-113　　　　图3-114

图3-115　　　　图3-116

> 提示：在"变暗"模式下，图像中的色调会发生改变，这是因为"变暗"的原理是将所有比混合色亮的像素都替换为混合色，而"深色"模式则是单纯地将混合色和基色中的深色部分替换成浅色部分。

3.6.3 减淡模式组

减淡模式的特点是当前图像中的黑色会被屏蔽，任何比黑色亮的区域都可能加亮底层图像。减淡模式组是与加深模式组相对的混合模式。

- 变亮：查看每个通道中的颜色信息，并选择基色或混合色中较亮的颜色作为结果色。比混合色暗的像素被替换，比混合色亮的像素保持不变，如图3-117所示。
- 滤色：查看每个通道的颜色信息，并将混合色的互补色与基色复合，结果色总是较亮的颜色，如图3-118所示。
- 颜色减淡：查看每个通道中的颜色信息，并通过减小对比度使基色变亮以反映混合色。与黑色混合则不发生变化，如图3-119所示。
- 线性减淡（添加）：与"颜色减淡"效果相似，但效果更加强烈。
- 浅色：比较混合色和基色的所有通道值的总和并显示较大的颜色，"浅色"不会生成第三种颜色。

图3-117　　　　图3-118　　　　图3-119

> 提示：“正片叠底”和“滤色”是两个算法完全相反的模式。“正片叠底”常用于屏蔽图像中的白色像素，“滤色”常用于屏蔽图像中的黑色像素。

3.6.4　对比模式组

对比模式综合了加深和减淡模式的特点，混合时50%的灰色会完全消失，任何亮于50%灰色的区域都可能加亮下面的图像，暗于50%灰色的区域都可能使底层图像变暗。

- 叠加：图案或颜色在现有像素上叠加，同时保留基色的明暗对比，基色与混合色相混以反映原色，如图3-120所示。

- 柔光：如果混合色比50%灰色亮，则图像变亮。如果混合色比50%灰色暗，则图像变暗。用纯黑色或纯白色绘画会产生明显较暗或较亮的区域，但不会产生纯黑色或纯白色，如图3-121所示。

> 提示：“叠加”的特点是在为底层图像添加颜色时，可保持底层图像的高光和暗调。“柔光”和“叠加”的效果相似，但不及“叠加”效果明显。

- 强光：如果混合色比50%灰色亮，则图像变亮，这对于向图像中添加高光非常有用。如果混合色比50%灰色暗，则图像变暗，这对于向图像添加暗调非常有用。用纯黑色或纯白色绘画会产生纯黑色或纯白色，如图3-122所示。

图3-120　　　　图3-121　　　　图3-122

- 亮光：通过增加或减小对比度来加深或减

淡颜色，具体取决于混合色。如果混合色比50%灰色亮，则通过减小对比度使图像变亮。如果混合色比50%灰色暗，则通过增加对比度使图像变暗，如图3-123所示。

- 线性光：通过减小或增加亮度来加深或减淡颜色，具体取决于混合色。特点是可使图像产生更高的对比度效果，如图3-124所示。

- 亮光：替换颜色，具体取决于混合色。如果混合色比50%灰色亮，则替换比混合色暗的像素。如果混合色比50%灰色暗，则替换比混合色亮的像素，如图3-125所示。

- 实色混合：可增加颜色的饱和度，使图像产生色调分离的效果，如图3-126所示。

图3-123　　　　　　图3-124

图3-125　　　　　　图3-126

实战13　绘制网站中的广告条

本实例制作了一个网站中的广告条，实例比较简单，使用钢笔工具创建选区，重复复制调整图形等操作完成广告条的制作。最终效果如图3-127所示。

图3-127

使用到的技术	圆角矩形工具、图层样式、文字工具、钢笔工具
学习时间	25分钟
视频地址	视频\第3章\绘制网站中的广告条.swf
源文件地址	源文件\第3章\绘制网站中的广告.psd

01 执行“文件>新建”命令，弹出“新建”对

话框，新建一个空白文档，如图3-128所示。新建图层，使用"钢笔工具"绘制形状并建立选区，填充渐变颜色，如图3-129所示。

图3-128

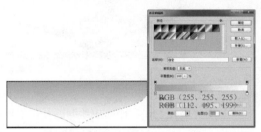

图3-129

02 打开素材"人物1.jpg"如图3-130所示。使用"快速选择工具"将人物抠出，拖入到设计文档中，适当调整其位置及大小并创建剪贴蒙版，如图3-131所示。

图3-130

图3-131

03 使用相同的方法抠出素材"玫瑰花"，并将其拖入设计文档中，调整其位置及大小如图3-132所示。执行"图层>修边>去边"命令，在"去边"对话框中设置"宽度"为50像素，如图3-133所示。

图3-132

图3-133

04 图像效果如图3-134所示。重复复制"图层3"并调整其位置及大小，如图3-135所示。

图3-134

图3-135

05 将所有的玫瑰花按快捷键【Ctrl+G】进行编组，并重命名为"玫瑰花"，如图3-136所示。将玫瑰花组载入"图层1"的选区，并为该组添加图层蒙版。效果如图3-137所示。

图3-136

图3-137

06 新建图层，使用"椭圆选区工具"绘制正圆选区，并填充为白色，如图3-138所示。使用"橡皮擦工具"，设置笔触大小为3像素，擦除正圆中不需要的部分，效果如图3-139所示。

图3-138

图3-139

07 使用"多边形工具"，设置"工具模式"为"路径"，绘制三角形路径，将路径转换为选区，为选区填充黑色，如图3-140所示。打开"字符"面板，进行相应的设置，在绘制的三角形中输入白色文字，效果如图3-141所示。

图3-140

图3-141

08 使用相同的方法绘制其他文字效果，如图3-142所示。使用相同的方法绘制导航栏，如图3-143所示。

图3-142

图3-143

09 新建图层，使用"钢笔工具"设置"工具模式"为"路径"，在画布中绘制路径，并转换为选区，填充颜色为RGB（252、204、0），如图3-144所示。使用"直线工具"设置"工具模式"为"像素"，"粗细"为1像素，填充颜色为RGB（123、123、123），如图3-145所示。

图3-144

图3-145

10 使用相同的方法绘制其他图形，最终效果如图3-146所示。

图3-146

3.7 蒙版的应用

蒙版在Photoshop CC中已经成为一种概念，目的是能够自由控制选区，这样就产生了通道。

蒙版可以随时读出和更改事先存入的通道，对不同的通道可以进行合并和相减等操作。

3.7.1 认识蒙版

蒙版是模仿传统印刷中的一种工艺而来的，印刷时会用一种红色的胶状物来保护印版，所以在Photoshop CC中，蒙版默认的颜色是红色。蒙版是将不同的灰度色值转化为不同的透明度，黑色为完全透明，白色为完全不透明。

3.7.2 蒙版的分类

Photoshop CC提供了3种蒙版，分别是图层蒙版、剪贴蒙版和矢量蒙版。图层蒙版通过蒙版中的灰度信息来控制图像的显示区域，剪贴蒙版通过一个对象的轮廓来控制其他图层的显示区域，矢量蒙版通过路径和矢量形状控制图像的显示区域。

3.7.3 蒙版的"属性"面板

蒙版的"属性"面板用于调整选定的滤镜蒙版、图层蒙版或矢量蒙版的不透明度和羽化范围，单击"图层"面板中的蒙版再执行"窗口>属性"命令或双击蒙版，打开"属性"面板，如图3-147所示。

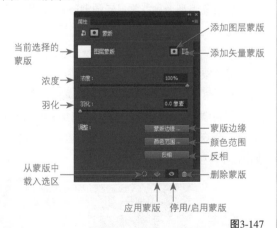

图3-147

当前选择的蒙版
添加图层蒙版
添加矢量蒙版
浓度
羽化
蒙版边缘
颜色范围
反相
从蒙版中载入选区
删除蒙版
应用蒙版
停用/启用蒙版

3.7.4 图层蒙版

图层蒙版是与分辨率相关的位图图像，可使用绘画或选择工具进行编辑。图层蒙版是非破坏性的，可以返回并重新编辑蒙版，而不会丢失蒙版隐藏的像素。在"图层"面板中，图层蒙版显示为图层缩览图右边的附加缩览图，此缩览图代表添加图层蒙版时创建的灰度通道。

图层蒙版中只有黑、白、灰3种颜色。蒙版中的白色区域可以遮盖下面图层中的内容，只显示当前图层中的图像；蒙版中的黑色区域可以遮盖当前图层中的图像，显示出下面图层中的内容；蒙版中的灰色区域会根据其灰度值使当前图层中的图像呈现出不同层次的透明效果。

> **提示：** 默认情况下，添加的是完全显示的白色蒙版，按住【Alt】键单击"添加图层蒙版"按钮，可添加完全遮盖的黑色蒙版。此外，还可以执行"图层>图层蒙版>显示全部/隐藏全部"命令，为其添加完全显示或遮盖的蒙版。

用户可以使用大部分的工具盒命令编辑图层蒙版，如画笔工具、渐变工具、修补工具和填充命令等。图层蒙版的实质是选区，编辑蒙版的过程就相当于使用不同的工具创建选区。

> **提示：** 使用图层蒙版的好处在于操作中只是用黑色和白色来显示或隐藏图像，而不是删除图像。如果误隐藏了图像或需要显示原来已经隐藏的图像，则可以在蒙版中将与图像对应的位置涂抹为白色，如果要继续隐藏图像，可以在其对应的位置涂抹黑色。

创建图层蒙版

打开一个素材文件，如图3-148所示，在"图层"面板中选择需要添加图层蒙版的图层，并单击下方的"添加图层蒙版"按钮，效果如图3-149所示。

图3-148

图3-149

使用白色柔边画笔适当涂抹蝴蝶结部分，如图3-150所示。打开"图层"面板，可以发现图像中被隐藏的部分是黑色的，显示的部分是白色的，如图3-151所示。

图3-150　　　　　　　　图3-151

提示：如果在文档中包含选区的状态下为图层添加蒙版，则会自动将选区范围定义为显示区域，其他区域为隐藏区域。

启用与停用图层蒙版

若要暂时停用图层蒙版，则使用鼠标右键单击图层蒙版缩览图，在弹出的快捷菜单中选择"停用图层蒙版"选项，如图3-152所示，停用的蒙版会被打一个叉，如图3-153所示。

若要重新启用蒙版只需右击蒙版缩览图，在弹出的快捷菜单中选择"启用图层蒙版"选项，或者直接单击该蒙版缩览图即可。

图3-152

图3-153

提示：打开"图层"面板，按住【Shift】键同时单击蒙版缩览图即可停用图层蒙版；直接单击停用的图层蒙版即可启用该蒙版。

3.7.5 矢量蒙版

矢量蒙版与分辨率无关，可使用钢笔或形状工具创建，它可以返回并重新编辑，而不会丢失蒙版隐藏的像素。在"图层"面板中，矢量蒙版都显示为图层缩览图右边的附加缩览图，矢量蒙版缩览图代表从图层内容中剪切下来的路径。

矢量蒙版可以在图层上创建锐边形状，当想要添加边缘清晰分明的图像时可以使用矢量蒙版。创建矢量蒙版后，可以向该图层应用一个或多个图层样式。通常，在需要重新修改的图像的形状上添加矢量蒙版，就可以随时修改蒙版的路径，从而达到修改图像形状的目的。

提示：绘制路径后按住【Ctrl】键单击"添加图层蒙版"按钮，可为该图层添加矢量蒙版。执行"图层>矢量蒙版>显示全部"命令，可创建显示全部图像内容的矢量蒙版；执行"图层>矢量蒙版>隐藏全部"命令，可创建隐藏全部图像内容的矢量蒙版。

3.7.6 剪贴蒙版

剪贴蒙版是一种非常灵活的蒙版，它使用一个图像的形状限制另一个图像的显示范围，而矢量蒙版和图层蒙版都只能控制一个图层的显示区域。

剪贴蒙版不能应用于单个的图层，而是同时应用于多个图层，最下方的图层决定着显示范围。

若要创建剪贴蒙版，执行"图层>创建剪贴蒙版"命令，或直接按快捷键【Ctrl+Alt+G】，如图3-154和图3-155所示。

图3-154

图3-155

3.7.7　移动复制蒙版

若要将蒙版移到另一个图层，则将该蒙版拖动到其他图层即可，如图3-156所示。如果要复制蒙版，则可按住【Alt】键将蒙版拖动到另一个图层。

图3-156

3.7.8　链接和取消链接蒙版

默认情况下，图层或组将链接到其图层蒙版或矢量蒙版，蒙版缩览图和图像缩览图之间有一个链接图标。当使用"移动工具"移动图层或其蒙版时，它们将作为一个单元在图像中一起移动。如果取消图层和蒙版的链接，则能够单独移动它们，并可独立于图层改变蒙版的边界。

执行"图层>图层蒙版>取消链接"命令，或者单击链接图标，都可以取消链接，链接取消后，即可单独变换图像或蒙版。

实战14　绘制网页的背景和导航栏

本实例制作了网页的背景和导航栏，步骤相对比较多，但绘制步骤比较类似。总体来说，该实例步骤简单，制作时应仔细设置参数及调整图像的位置等。最终效果如图3-157所示。

图3-157

使用到的技术	圆角矩形工具、图层样式、文字工具、钢笔工具
学习时间	60分钟
视频地址	视频\第3章\绘制网页的背景和导航栏.swf
源文件地址	源文件\第3章\绘制网页的背景和导航栏.psd

01 执行"文件>新建"命令，弹出"新建"对话框，新建一个空白文档，如图3-158所示。打开"图层"面板，按【Alt】键双击背景，将其转换为普通图层，得到"图层0"，如图3-159所示。

图3-158

91

图3-159

02 新建"图层 1",设置前景色为RGB（99、122、148），填充画布，如图3-160所示。打开"图层样式"对话框，选择"渐变叠加"选项设置参数值，如图3-161所示。

图3-160

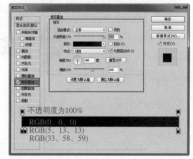

图3-161

03 图像效果如图3-162所示。复制"图层 1"得到"图层 1 拷贝"，打开"图层样式"对话框，选择"颜色叠加"选项设置参数值，如图3-163所示。

图3-162

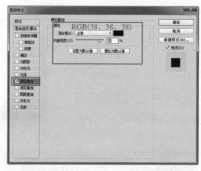

图3-163

04 继续在"图层样式"对话框中选择"渐变叠加"选项设置参数值，如图3-164所示。图像效果如图3-165所示。

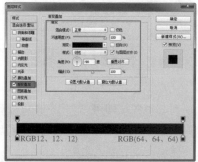

图3-164

图3-165

05 将"图层 1"和"图层 1 拷贝"按快捷键【Ctrl+G】进行编组，重命名为"背景"如图3-166所示。使用"钢笔工具"设置"工具模式"为"路径"，绘制路径，将路径转换为选区，为选区填充颜色为RGB（255、243、206），如图3-167所示。

图3-166　　　　　　图3-167

06 打开"图层样式"对话框，选择"内阴影"选项设置参数值，如图3-168所示。选择"颜色叠加"选项设置参数值，如图3-169所示。

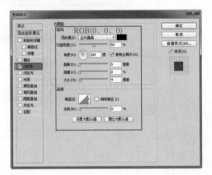

图3-168

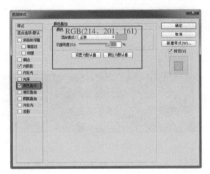

图3-169

07 图像效果如图3-170所示。新建"图层 3"，使用"矩形工具"设置"工具模式"为"路径"，绘制矩形路径，将路径转换为选区，为选区填充颜色为RGB（247、237、203），如图3-171所示。

图3-170　　　　　　图3-171

08 打开"图层样式"对话框，选择"颜色叠

加"选项设置参数值，如图3-172所示。选择"投影"选项设置参数值，如图3-173所示。

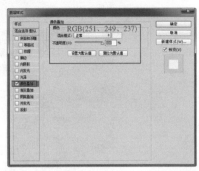

图3-172

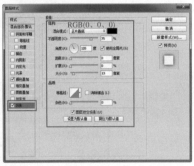

图3-173

09 图像效果如图3-174所示。复制"图层 3"得到"图层 3 拷贝"调整该图层的形状位置及大小，效果如图3-175所示。

图3-174　　　　　　图3-175

10 将绘制的两个图层进行编组，重命名为"纸张"，如图3-176所示。使用"圆角矩形工具"绘制半径为60像素填充颜色为RGB（63、64、64）的圆角矩形，如图3-177所示。

图3-176　　　　　　图3-177

⑪ 打开"图层样式"对话框，选择"斜面和浮雕"选项设置参数值，如图3-178所示。选择"内阴影"选项设置参数值，如图3-179所示。

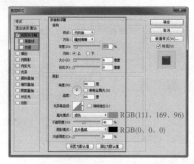

图3-178

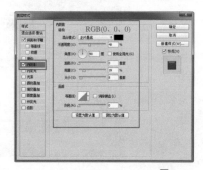

图3-179

⑫ 继续在"图层样式"对话框中选择"内发光"选项设置参数值，如图3-180所示。选择"渐变叠加"选项设置参数值，如图3-181所示。

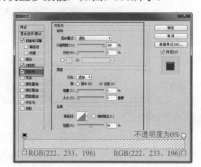

图3-180

图3-181

⑬ 继续在"图层样式"对话框中选择"投影"选项设置参数值，如图3-182所示。图像效果如图3-183所示。

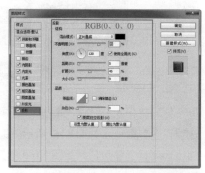

图3-182

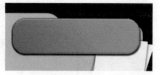

图3-183

⑭ 使用"文字工具"在"字符"面板上设置字符属性，如图3-184所示。在设计文档中输入文字，如图3-185所示。

图3-184　　　　　　　　　　图3-185

⑮ 打开"图层样式"对话框，选择"颜色叠加"选项设置参数值，如图3-186所示。选择"投影"选项设置参数值，如图3-187所示。

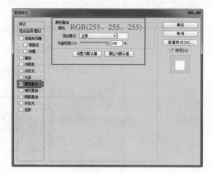

图3-186

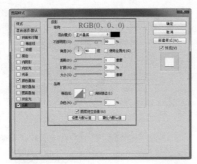

图3-187

⑯ 图像效果如图3-188所示。执行"视图>标尺"拖出参考线，使用"直线工具"在文字间绘制一条"粗细"为3像素的白色分隔线线条，如图3-189所示。

图3-188

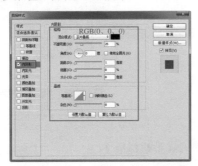

图3-189

⑰ 打开"图层样式"对话框，选择"内阴影"选项设置参数值，如图3-190所示。选择"颜色叠加"选项设置参数值，如图3-191所示。

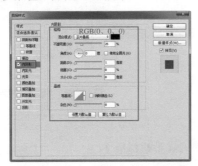

图3-190

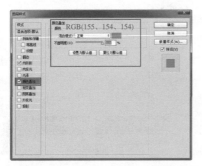

图3-191

⑱ 图形效果如图3-192所示。重复复制该形状，调整其位置，图形效果如图3-193所示。

图3-192

图3-193

⑲ 将相关图层进行编组，重命名为"导航元素"，如图3-194所示。复制"图层2"得到"图层 2 拷贝"将该图层移至最上方，清除图层样式，调整其位置及大小如图3-195所示。

图3-194　　　　　图3-195

⑳ 打开"图层样式"对话框，选择"斜面和浮雕"选项设置参数值，如图3-196所示。选择"内阴影"选项设置参数值，如图3-197所示。

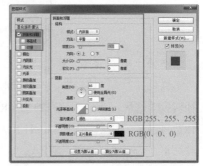

图3-196

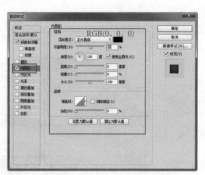

图3-197

㉑ 继续在"图层样式"对话框中选择"投影"选项设置参数值，如图3-198所示。图像效果如图3-199所示。

图3-198

图3-199

㉒ 新建"图层 4"，使用"矩形工具"设置"工具模式"为"路径"，绘制矩形路径，将路径转换为选区，为选区填充颜色为RGB（160、187、129），如图3-200所示。打开"图层样式"对话框，选择"斜面和浮雕"选项设置参数值，如图3-201所示。

图3-200

㉓ 继续在"图层样式"对话框中选择"内阴影"选项设置参数值，如图3-202所示。选择"渐变叠加"选项设置参数值，如图3-203所示。

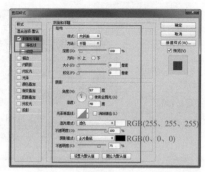

图3-201

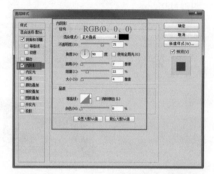

图3-202

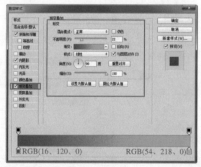

图3-203

㉔ 按快捷键【Ctrl+Alt+G】创建剪贴蒙版，如图3-204所示。使用相同的方法绘制"图层 5"，如图3-205所示。

图3-204　　　　　　　　图3-205

㉕ 使用文字工具输入文字，并添加"图层样式"效果如图3-206所示。使用前面绘制分隔线的方法再次绘制分隔线，效果如图3-207所示。

图3-206

图3-207

㉖ 使用相同的方法绘制矩形路径，并添加图层样式，效果如图3-208所示。将相关图层进行编组，重命名为"导航元素2"并添加图层样式，如图3-209所示。

图3-208

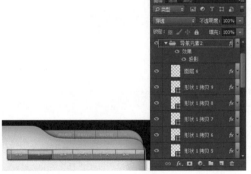

图3-209

㉗ 使用绘制"导航元素2"的方法绘制"导航元素3"如图3-210所示。将素材"logo1.png"拖入设计文档中合适位置，如图3-211所示。

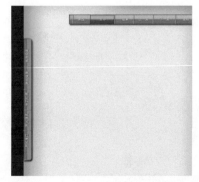

图3-210

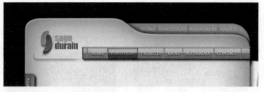

图3-211

㉘ 调整图层面板的顺序，完成网页的的背景和导航栏的制作，效果如图3-212所示。最后将网页中需要的图片及文字绘制完成，整个页面效果如图3-213所示。

图3-212　　　　　　　　图3-213

3.8 扩展练习

本实例制作了一款游戏网站的导航栏，这款导航是直接"嵌"在网页背景中的，所以将banner也一并制作了。在制作过程中使用画笔描边路径功能略微强化了一下导航边缘，使其更有质感。最终效果如图3-214所示。

图3-214

源文件地址：源文件\第3章\制作游戏网站导航栏.PSD
视频地址：视频\第3章\制作游戏网站导航栏.SWF

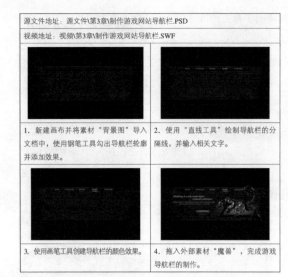

1. 新建画布并将素材"背景图"导入文档中，使用钢笔工具勾出导航栏轮廓并添加效果。	2. 使用"直线工具"绘制导航栏的分隔线，并输入相关文字。
3. 使用画笔工具创建导航栏的颜色效果。	4. 拖入外部素材"魔兽"，完成游戏导航栏的制作。

3.9 本章小结

　　本章主要介绍了一些网页设计相关的理论知识，包括网页界面设计的分类、网页界面构成元素和网页设计的原则等。

　　重点讲解了Photoshop CC蒙版技术、图层的不透明度和图层的混合模式的工作原理。要求熟练掌握创建和编辑图层蒙版与剪贴蒙版的方法。

第3章　练习题

一、填空题

1. 构成网页界面的元素有（　　　）、（　　　）（　　　）和多媒体。

2. 网页布局的形式有（　　　）、（　　　）、上下框架型、（　　　）、动画型和图片型。

3. 网页界面的设计主要有（　　　）和（　　　）两种，在设计时会根据不同的（　　　）和页面内容选择合适的布局形式。

4. Photoshop CC提供了3种蒙版，分别是（　　　）、（　　　）和（　　　）。

5. （　　　）可以随时更改事先存入的通道，对不同的通道可以进行合并和相减等操作。

二、选择题

1. （　　）与分辨率无关，可使用钢笔或形状工具创建，它可以返回并重新编辑，而不会丢失蒙版隐藏的像素。

　　A. 矢量蒙版　　　　　　　　　　　B. 图层蒙版

　　C. 剪贴蒙版蒙版　　　　　　　　　D. 矢量蒙版、图层蒙版、剪贴蒙版蒙版

2. （　　）和（　　）是两个算法完全相反的模式。（　　）常用于屏蔽图像中的白色像素；（　　）常用于屏蔽图像中的黑色像素。

　　A. 滤色、正片叠底、滤色、正片叠底　　B. 正片叠底、滤色、正片叠底、滤色

　　C. 颜色减淡、滤色、滤色、颜色减淡　　D. 滤色、颜色减淡、滤色、颜色减淡

3. （　　）用于控制图层、图层组中绘制的像素和形状的不透明度，（　　）只影响图层中绘制的像素和形状的不透明度，不会影响图层样式的不透明度。

　　A. 填充、不透明度　　　　　　　　B. 明度、填充

　　C. 不透明度、填充　　　　　　　　C. 填充、明度

4. 网页设计具有（　　）原则、（　　）原则、整体性原则、为用户考虑原则和（　　）原则。

　　A. 视觉美观、突出整体性、维护　　　B. 视觉美观、突出整体性、更新和维护

　　C. 视觉美观、突出整体性、创新　　　D. 视觉冲击力、突出整体性、更新和维护

5. （　　）是展现企业形象、介绍产品和服务、体现企业发展战略的重要途径。

　　A. 手机界面　　　　　　　　　　　B. 软件界面

　　C. 播放器界面　　　　　　　　　　D. 网页设计

三、简答题

网页设计原则中的为用户考虑原则，要求设计者要时刻站在浏览者的角度来考虑，这主要体现在哪几个方面？

第4章　软件界面设计

相信每个人都不会对软件陌生，事实上我们每时每刻都在和不同的软件打交道，例如各种媒体播放器、聊天软件、网页游戏和图形处理软件等。软件提供给我们更多的娱乐方式，使人们的生活更加便利、更加丰富多彩。本章主要向用户介绍了一些软件界面设计相关的基础知识和操作技巧。

4.1 软件界面设计发展历程

软件用户界面的发展经历了从低级到高级、从简单到复杂的过程。软件界面在软件系统中越来越重要，好的软件界面不仅要实用，还要易用，更要美观，好的软件界面不仅可以让软件变得个性化，还可以使软件的操作变得更加舒服、简单。

4.2 软件界面设计简介

网页界面设计和软件界面设计的区别很大。网页设计通常侧重于界面的美观、华丽和时尚，能吸引住游客；软件界面设计则更注重实用性和功能性。如果软件界面功能混乱、不符合用户的使用习惯，那么它就是失败的。

软件界面设计是纯粹的科学性的艺术设计，它不仅要求设计师具有良好的美术功底，还需要定位使用者、使用环境、使用方式，并且最终为用户而设计。如图4-1所示为设计精美的软件界面设计。

图4-1

4.2.1 软件界面设计的标准

同其他类型的UI设计一样，软件界面设计经历了从初级到高级的发展过程。软件界面的作用是为了帮助用户与硬件设备进行交互，所以软件界面设计不仅要考虑视觉效果，还需要从人性化、易用性的角度进行思考和揣摩，以提高用户体验。总而言之，软件界面设计需要达到以下5个标准。

- 简洁、美观。
- 拥有良好的视觉特征。
- 清晰一致的设计，软件的界面风格和色调应该协调一致，所有具有相同含义的术语应该统一，且易于理解和使用。
- 较快的响应速度。
- 以用户为中心，站在用户的角度考虑问题，设计和制作用户需要的界面。

4.2.2 软件界面设计的分类

软件界面设计的范围比较广泛，它是用户与系统进行交互的集合，这些系统不仅仅包括计算机系统，还包括某些机器、硬件设备和工具等。最常见的软件界面设计包括计算机软件界面设计、手机界面设计和播放器界面设计，如图4-2所示。

图4-2

101

4.3 软件界面设计的原则

一款优秀的软件界面，在设计时要遵循以下几个原则。

- 易用性：软件界面中的图标应该尽量美观、简洁；功能设置应该合理，便于了解和使用，尽可能降低用户发生误操作的概率。
- 清晰性：软件界面的设计应该清晰易懂，各功能的表述也应该尽可能清晰，在视觉上便于理解和认知，如图4-3所示。

图4-3

- 从用户的观点出发：根据前期调研归纳最终用户的需求和操作习惯，真正设计制作出用户需要的界面。
- 通俗易懂的语言：软件界面中使用的语言应该尽可能通俗易懂，避免使用艰涩难懂的专业术语。
- 考虑用户的熟悉程度：应该考虑到大部分用户是否可以通过自身掌握的常规知识和经验学会操作软件。
- 一致性：软件界面中所有元素的风格和色调应该协调一致，界面的结构必须清晰合理，且具有一致性，如图4-4所示。

图4-4

- 人性化：软件界面的功能布局和交互流程应该更加人性化，允许用户根据自己的喜好和操作习惯定制界面，并能够保存设置。
- 灵活性：软件界面操作方式应该灵活多样，不仅仅局限于单一的工具操作。例如不仅可以通过菜单命令执行某一操作，还能通过相应的快捷方式完成操作。
- 安全性：用户能够自由地做出选择，并且所有选择都应该是可逆的，在用户做出危险的选择时，系统应该接入进行提示。

> 提示：软件界面设计流程有4个规范；其一为规范性，是指界面设计应该确立并遵循标准一致的准则；其二为界面布局的合理性；其三为界面风格的一致性；最后为界面操作的可定制性。

4.4 软件界面设计中的屏幕设计

在软件发展过程中，软件界面设计一度没有被重视，其实软件界面设计就像工业产品中的工业造型设计一样，是产品的重要卖点，接下来就一起学习一下有关屏幕显示设计的要点。

软件的屏幕显示设计主要包括布局、文字用语和颜色等内容。

- 布局：屏幕布局因功能的不同考虑的侧重点也要有所不同，各个功能区要重点突出，功能明显，在屏幕布局中还要注意到一些基本数据的设置。
- 文字用语：文字用语一定要简洁明了，尽量避免使用专业术语；在屏幕显示设计中，文字也不要过多，要传达的信息内容一定要清楚、易懂，方便操作使用。

- 颜色：屏幕中的活动对象，色彩应该鲜明；尽量避免不兼容的颜色放在一起；若用颜色表示某种信息或对象属性时，要使用户明白所要表达的信息，并且尽量用常规准则来表示。

实战15 绘制软件的登录界面

本实例制作了一款游戏的登录界面。总体来说，登陆界面的绘制比较简单，主要重复使用了矩形工具和文字工具，制作时应仔细调整每个形状的位置。最终效果如图4-5所示。

图4-5

使用到的技术	矩形工具、图层样式、图层蒙版、文字工具
学习时间	20分钟
视频地址	视频\第4章\绘制软件的登录界面.swf
源文件地址	源文件\第4章\绘制软件的登录界面.psd

01 执行"文件>新建"命令，弹出"新建"对话框，新建一个空白文档，如图4-6所示。显示标尺，拖出大量的参考线，大致定位出登录界面中的各个功能区的位置，如图4-7所示。

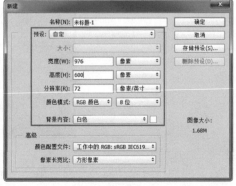

图4-6

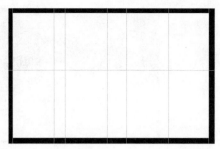

图4-7

02 新建图层，使用"矩形选框"工具绘制矩形选区并填充颜色为RGB（227、228、228），如图4-8所示。使用相同的方法绘其他图形，图像效果如图4-9所示。

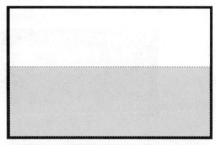

图4-8

图4-9

03 双击该图层缩览图，在弹出的"图层样式"对话框中选择"内发光"选项进行相应设置，如图4-10所示。图像效果如图4-11所示。

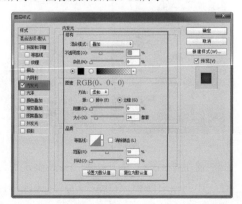

图4-10

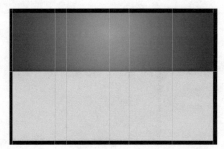

图4-11

04 使用相同的方法绘制白色矩形。调整该图层的不透明度为15%，效果如图4-12所示。按住【Alt】键单击图层面上的"添加蒙版"按钮，为"图层 3"添加蒙版，使用画笔工具绘制如图4-13所示的效果。

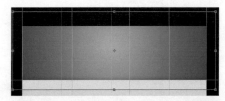

图4-12

图4-13

05 图层面板如图4-14所示。将素材"LOGO.png"拖入设计文档中，调整其大小及位置，效果如图4-15所示。

图4-14

图4-15

06 使用"矩形工具"设置"工具模式"为"路径"绘制矩形路径，将路径转换为选区，为选区填充白色，如图4-16所示。打开"图层样式"对

话框，选择"描边"选项进行相应设置，如图4-17所示。

图4-16

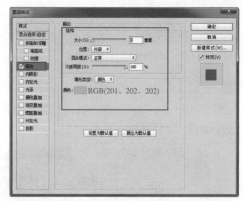

图4-17

07 图像效果如图4-18所示。打开"文字"面板，设置文字属性，如图4-19所示。

图4-18　　　　　　图4-19

08 在文档中输入文字，如图4-20所示。将绘制的文字及矩形按快捷键【Ctrl+G】进行编组，如图4-21所示。

图4-20　　　　　　图4-21

09 使用相同的方法绘制其他图形，效果如图4-22所示。使用"矩形工具"绘制填充颜色为白色的矩形，如图4-23所示。

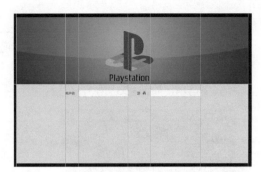

图4-22

图4-23

⑩ 再次使用"矩形工具"绘制一个填充为"无"，描边为RGB（138、139、139），粗细为1像素的矩形，效果如图4-24所示。使用文字工具输入文字，如图4-25所示。

图4-24

图4-25

⑪ 使用相同的方法绘制相似图形，完成登录界面的绘制，效果如图4-26所示。

图4-26

4.5 应用图层样式

图层样式是图层中最重要的功能之一，通过

图层样式可以为图层添加描边、阴影、外发光、浮雕等效果，甚至可以改变原图层中图像的整体显示效果。

图层样式是Photoshop CC最为强大的功能之一，受到广大用户的青睐。本小节将会向用户介绍为图形添加图层样式和编辑图层样式的操作方法。

4.5.1 添加图层样式

选择需要添加图层样式的图层，执行"图层>图层样式"命令，通过"图层样式"子菜单中相应的选项可以为图层添加图层样式。

此外，也可以单击"图层"面板底部的"添加图层样式"按钮，在弹出的菜单中也可以选择相应的样式，如图4-27所示，然后在弹出的"图层样式"对话框中适当设置各项参数的数值，如图4-28所示。

图4-27

图层样式列表→ 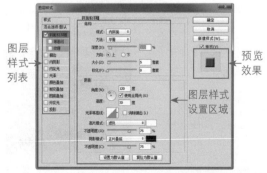 ←预览效果

图层样式设置区域

图4-28

> 提示：很多情况下，操作者更喜欢直接双击相应图层的缩览图，在打开的"图层样式"对话框中选择自己需要的样式进行设置。

4.5.2 "样式"面板

"样式"面板中存放着大量常用的预设样式，用户可以使用它们快速创建出各种立体效果，提高操作效率。

若要为形状应用"样式"面板中的图层样式，则应在"图层"面板中选中相应的图层，如图4-29和图4-30所示。

图4-29　　　　　　　图4-30

打开"样式"面板，在"样式"面板中单击选择需要的样式，如图4-31所示，所选图层就会应用相应的样式效果，如图4-32所示。

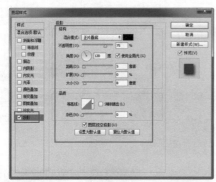

图4-31

图4-32

4.5.3 导入外部样式

Photoshop CC预设的相关图层样式均存放在"样式"面板中，执行"窗口>样式"命令即可打开"样式"面板。

载入外部样式

若要导入外部样式，则可单击"样式"面板右上方的按钮，在弹出的面板菜单中选择"导入样式"选项，如图4-33所示。

图4-33

在弹出的"载入"对话框中浏览并选择需要的样式文件，如图4-34所示。单击"载入"按钮即可将指定样式载入到"样式"面板中，如图4-35所示。

图4-34

图4-35

> **提示：** 载入外部样式后，即使将原始样式文件删除，这些样式依然可以顺利使用。因为Photoshop CC会自动嵌入一切导入的素材，如渐变、图案、图像和笔刷等，而不只是创建一个临时的链接，这也是Psd文档体积庞大的一个重要因素。

载入预设样式

若要载入预设样式，则可单击"样式"面板

右上方的![](按钮，在弹出的面板
菜单中选择相应类型的样式，如
图4-36所示，弹出如图4-37所示
的提示对话框。单击对话框中的
"追加"按钮，即可将新的样式
添加到原有样式的后面，如图4-38
所示。

图4-36

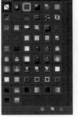

图4-37　　　图4-38

4.5.4 显示"样式面板"的方式

　　使用"样式"面板扩展菜单中的"仅文
本""小缩览图""大缩览图""小列表"和
"大列表"5个选项可以设置样式预览图的大小
和模式，如图4-39所示。

图4-39

实战16　绘制输入法皮肤

　　在互联网时代，输入法越来越重要了，很多
大公司都建立了自己的输入法设计部。给输入法配

上适合自己风格的皮肤，可以让生硬的输入法变得
亲切可爱，充满人性化。本输入法皮肤采用卡通风
格，界面清爽迷人。最终效果如图4-40所示。

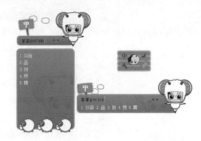

图4-40

使用到的技术	圆角矩形工具、图层样式、文字工具、钢笔工具、渐变工具
学习时间	25分钟
视频地址	视频\第4章\绘制输入法皮肤.swf
源文件地址	源文件\第4章\绘制输入法皮肤.psd

01 执行"文件>新建"命令，弹出"新建"对
话框，新建一个空白文档，如图4-41所示。新建
图层，并填充颜色为白色，如图4-42所示。

图4-41

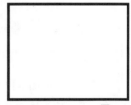

图4-42

02 使用"圆角矩形工具"，在画布中绘制圆角矩
形，如图4-43所示。打开"图层样式"对话框中选
择"外发光"选项进行相应设置，如图4-44所示。

图4-43

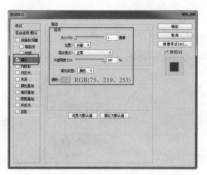

图4-44

03 继续在对话框中选择"渐变叠加"选项进行相应设置，如图4-45所示。选择"描边"选项进行相应设置，如图4-46所示。

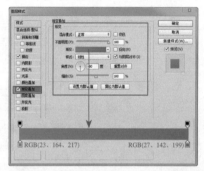

图4-45

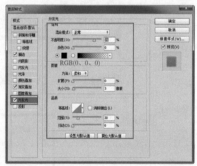

图4-46

04 图像效果如图4-47所示。使用相同方法绘制圆角矩形，按快捷键【Ctrl+T】，对图像进行旋转操作，如图4-48所示。

图4-47   图4-48

05 使用相同方法绘制矩形，使用"直接选择工具"和"转换点工具"对图形进行调整，如图4-49所示。打开"图层样式"对话框，选择"渐

变叠加"选项进行相应设置，如图4-50所示。

图4-49

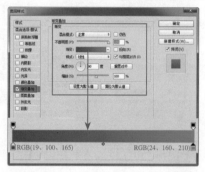

图4-50

06 图像效果如图4-51所示。将"圆角矩形2""圆角矩形3"合并图形，如图4-52所示。

图4-51   图4-52

07 使用"自定义形状工具"，设置前景色为RGB（49、187、224），绘制路径，如图4-53所示。使用"钢笔工具"在画布中绘制路径，如图4-54所示。

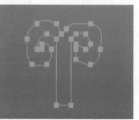

图4-53   图4-54

08 将路径转换为选区，为选区填充白色。如图4-55所示。使用相同的方法绘制相似图像，如图

4-56所示。

图4-55　　　　　　　　图4-56

⑨ 使用"横排文字工具"，在"字符"面板中进行相应的设置，输入文字,如图4-57所示。使用"直线工具"，设置"前景色"为RGB（133、204、233），绘制直线，如图4-58所示。

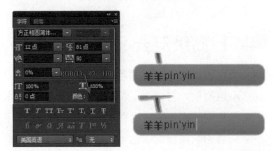

图4-57　　　　　　　　图4-58

⑩ 使用"多边形工具"，在画布中绘制三角形，并添加相应的图层样式，如图4-59所示。复制其形状并调整位置，如图4-60所示。

图4-59　　　　　　　　图4-60

⑪ 将素材"小羊1"拖入设计文档中调整位置及大小，效果如图4-61所示。将绘制的除背景外的所有图层编组，如图4-62所示。

图4-61　　　　　　　　图4-62

⑫ 使用相同的方法绘制矩形，如图4-63所示。复制"小羊1"调整位置及大小，如图4-64所示。

图4-63　　　　　　　　图4-64

⑬ 按住【Alt】键单击图层面上的"添加蒙版"按钮，为"小羊 1 拷贝"添加蒙版，如图4-65所示。选中蒙版，同时按住【Alt】，在图层蒙版里绘制矩形，如图4-66所示。

图4-65　　　　　　　　图4-66

⑭ 单击"小羊 1"缩览图，回到设计文档中，图像效果如图4-67所示。使用"文字工具"在文档中输入文字，如图4-68所示。

图4-67

图4-68

⑮ 将素材"小羊2"拖入设计文档中，调整位置及大小，如图4-69所示。重复复制"小羊2"，如图4-70所示。

图4-69   图4-70

⑯ 使用相同方法，完成该输入法皮肤其他部分的设计制作。如图4-71所示。

图4-71

4.6 设置混合选项

在前面的章节中我们了解到，除了可以使用图层的"混合模式"和"不透明度"混合图层外，Photoshop CC还提供了一种高级混合图层的方法，即使用"混合选项"功能进行混合。

选择一个图层，执行"图层>图层样式>混合选项"命令，或双击该图层缩览图，打开"图层样式"对话框，选择"混合选项"选项。

"常规混合"属性中的"不透明度""混合模式"与"图层"面板中的对应选项作用相同。"高级混合"选项中的"填充不透明度"与"图层"面板中的"填充"作用相同，如图4-72所示。

图4-72

图4-72（续）

> 提示："混合选项"选项卡包含"常规混合"、"高级混合"和"混合颜色带"3组参数，其中"常规混合"中的参数也可以在"图层"面板中设置。

4.6.1 高级混合

- 填充不透明度：该选项用于指定图层填充的不透明度，与"图层"面板中的"填充"作用相同。当图层包含图层样式时，设置该项只会影响图像像素的不透明度，而不会影响图层样式的不透明度，如图4-73所示。

图4-73

- 通道：默认情况下，Photoshop CC会选取图层的所有通道参与混合，用户可以通过该选项组将混合效果限制在指定的通道内。例如，只勾选R和B，那么混合图像时，只有红通道和绿通道中的信息才会受到影响，如图4-74所示。

图4-74

- 挖空：可以透过当前图层显示出"背景"图层中的内容。在创建挖空时，首先应将图层放在被穿透图层之上，在"图层样式"对话框中选择挖空模式为"浅"选项后，降低"填充不透明度"为15%，可以挖空图层，显示"背景"图层，如图4-75所示。设置挖空为"深"，并设置"填充不透明度"为0%后的效果，如图4-76所示。

图4-75　　　　　　图4-76

> 提示：如果当前图层位于一个图层组中，并且该图层组使用的是默认混合模式（"穿透"模式），那么选择"浅"时，挖空效果只限于该图层组；选择"深"可挖空到背景。如果没有背景，则挖空到透明。如果图层组使用了其他混合模式，则"浅"和"深"挖空都将被限制在该图层组。

- 将内部效果混合成组：在对添加了"内发光""颜色叠加""渐变叠加"和"图案叠加"效果的图层设置挖空时，如果勾选"将内部效果混合成组"，则添加的样式不会显示，它们将作为整个图层的一个部分参与到混合中。
- 将剪贴图层混合成组：勾选该项可将基底图层的"混合模式"应用于剪贴蒙版中的所有图层。
- 透明形状图层：用来限制样式或挖空效果的范围在图层的不透明区域；取消勾选该项时，将在整个图层范围内应用这些效果。
- 图层蒙版隐藏效果：用来定义图层效果在图层蒙版中的应用范围。如果在添加了图层蒙版的图层上应用图层样式，勾选该项时，图层蒙版中的效果不会显示。
- 矢量蒙版隐藏效果：用来定义图层效果在矢量蒙版中的应用范围。如果在添加了矢量蒙版的图层上应用图层样式，勾选该项，矢量蒙版中的效果不会显示。

4.6.2　混合颜色带

"混合颜色带"用于控制最终图像中将显示当前图层中的哪些像素，以及下方可见图层中的哪些像素。下面是使用"混合颜色带"的具体操作方法。

打开一张图像，并将另一张云朵素材拖入到该图像中，如图4-77和图4-78所示。执行"图层>图层样式>混合选项"命令，弹出"图层样式"对话框。

图4-77　　　　　　　　图4-78

"本图层"颜色条左右两侧各有一黑一白两组滑块，每个滑块又由两个滑块组成，默认情况下它们是组合在一起的，按下【Alt】键拖动黑色滑块组右边的滑块即可将其分开。向右拖动该滑块，可以看到云朵图层的深色像素明显减少了，如图4-79所示。

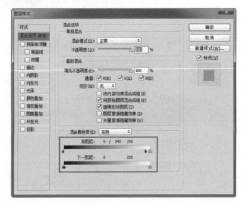

图4-79

111

图4-79（续）

使用相同方法分开"下一图层"颜色条两侧的滑块组，适当调整其位置，使下方图层更加清晰。然后为云朵图层添加图层蒙版，适当擦除不需要的部分，两张图像就完美地拼合在一起了，如图4-80所示。

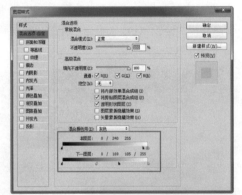

图4-80

提示：将"本图层"的黑色滑块向右滑动表示减少当前图层中的深色像素，将白色滑块向左滑动表示减少白色像素；将"下一图层"的黑色滑块向右滑动表示增加下一图层中的深色像素，将白色滑块向左滑动表示增加白色像素。

实战17 绘制信息查询界面

在网络盛行的时代，常常会在网络上查询信息，比如说查询物流信息、查询成绩等，不管是查询什么，都是需要设计师设计一个精美的界面，展现给用户，查询界面应该是简单简洁，给人清晰，一目了然的，本案例绘制的是进行信息查询文本输入的界面，最终效果如图4-81所示。

图4-81

使用到的技术	圆角矩形工具、图层样式、文字工具、钢笔工具、渐变工具
学习时间	30分钟
视频地址	视频\第4章\绘制信息查询界面.swf
源文件地址	源文件\第4章绘制信息查询界面.psd

01 执行"文件>新建"命令，弹出"新建"对话框，新建一个空白文档，如图4-82所示。新建图层，并填充颜色为RGB（174、174、174），如图4-83所示。

图4-82

图4-83

02 双击该图层缩览图，在弹出的"图层样式"对话框中选择"内阴影"选项进行相应设置，如图4-84所示。图像效果如图4-85所示。

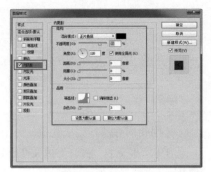

图4-84

图4-85

③ 使用"圆角矩形工具"绘制矩形，使用"直接选择工具"和"转换点工具"对图形进行调整，如图4-86所示。打开"图层样式"对话框中选择"渐变叠加"选项进行相应设置，如图4-87所示。

图4-86

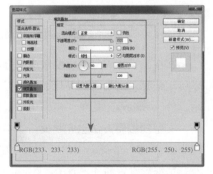

RGB(233、233、233)　　　　RGB(255、250、255)

图4-87

④ 图像效果如图4-88所示。使用同样的方法绘制相似图形，如图4-89所示。

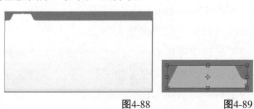

图4-88　　　　图4-89

⑤ 复制绘制的图形，调整位置，如图4-90所示。使用"魔棒工具"建立选区，使用画笔工具，在选区内绘制阴影，如图4-91所示。

图4-90

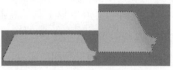

图4-91

⑥ 使用相同的方法绘制其他阴影效果，如图4-92所示。使用"横排文字工具"，在"字符"面板中进行相应的设置，输入文字,如图4-93所示。

图4-92

图4-93

⑦ 使用相同的方法输入其他文字，效果如图4-94所示。将绘制的除背景外的所有图层进行编组，如图4-95所示。

图4-94

图4-95

113

08 使用"文字工具"绘制如图4-96所示的图形。使用相同的方法输入文字，如图4-97所示。

图4-96

图4-97

09 使用"圆角矩形工具"绘制填充为白色的矩形，如图4-98所示。打开"图层样式"对话框中选择"描边"选项进行相应设置，如图4-99所示。

图4-98

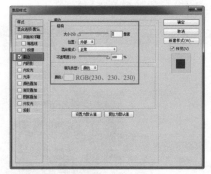

图4-99

10 图像效果如图4-100所示。使用同样的方法绘制相似图形，图像效果如图4-101所示。

图4-100

图4-101

11 使用"多边形工具"绘制填充颜色为RGB（174、174、174）的三角形，如图4-102所示。使用"文字工具"输入符号，如图4-103所示。

图4-102　　　　　图4-103

12 使用相同方法，完成其他部分的制作，如图4-104所示。将素材"图标"拖入设计文档中调整位置及大小，完成软件界面的绘制，如图4-105所示。

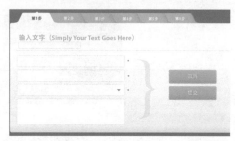

图4-104

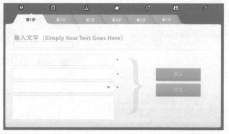

图4-105

4.7 文字工具的使用

文字是设计作品的重要组成部分，它不仅可以传达信息，还能起到美化版面、强化主题的作用。Photoshop CC提供了多个用于创建文字的工具，文字的编辑方法也非常灵活。本小节主要向用户讲解在Photoshop CC中创建的文字方法，以及文字编辑设置的各种方法。

4.7.1 认识文字工具

在 Photoshop CC中有4种关于文字的工具，右击工具箱中的"横排文字工具"按钮，在打开的工具组中可以看到"横排文字工具""直排文字工具""横排文字蒙版工具"和"直排文字蒙版工具"，如图 4-106所示。

图4-106

4.7.2　文字工具的选项栏

在使用文字工具输入文字之前，需要在工具选项栏或"字符"面板中设置字符的属性，包括字体、大小和文字颜色等。如图4-107所示为"横排文字工具"的选项栏。

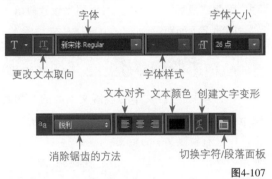

图4-107

4.8　输入文字

文字可以增加照片或图像的吸引力。在Photoshop CC中，输入的文字分为两种类型，分别是点文字和段落文字。

点文字

点文字是一个水平或垂直的文本行，在处理标题等字数较少的文字时，可以通过点文字来完成。

段落文字

当需要输入大量的文字内容时，可将文字以段落的形式进行输入。输入段落文字时，文字会基于文本框的大小自动换行。用户可以根据需要自由调整定界框的大小，使文字在调整后的文本框中重新排列，也可以在输入文字时或创建文字图层后调整定界框。如图4-108所示分别为"点文字和段落文字"。

图4-108

4.9　设置字符和段落属性

在Photoshop CC中，无论是输入点文字还是段落文字，都可以使用"字符"面板和"段落"面板来指定文字的字体、粗细、大小、颜色、字距调整、基线移动以及对齐等其他字符属性。

4.9.1　"字符"面板

"字符"面板相对于文本工具的选项栏，该面板的选项更全面。默认设置下，Photoshop工作区域内不显示"字符"面板。要对文字格式进行设置时，可以执行"窗口>字符"命令，打开"字符"面板，如图4-109所示。

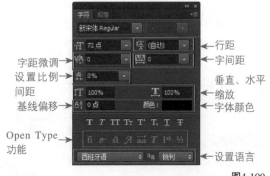

图4-109

- 行距：用于指定字符串之间的行距，用户可直接在文本框中输入具体的数值。设置的数值越高，两行文字之间的距离就越远。
- 字符微距：用于调整两个字符之间的微距，取值范围为-1000~1000，用户可直接在文本框中输入具体的数值。
- 字间距：该选项用于设置当前所选字符串的字距，设置的参数值越大，两字符之间的距离越大。
- 比例间距：该项用于设置所选字符串的比例间距，取值范围为0%~100%。设置的参数值越高，字符之间的距离越小。
- 垂直缩放/水平缩放：这两个选项用于对所选字符分别进行水平缩放和垂直缩放，默认值均为100%，即不对字符进行缩放。
- 基线偏移：该选项可以使选定字符根据设置上下移动位置。当参数值为正时字符向上偏移；当参数值为负时字符向下偏移。
- 字体颜色：用于设置字符的颜色，单击色块，在弹出的"拾色器（文本颜色）"对话框中指定新的颜色，即可将其应用给文字。

> 提示：用户无法在"字符"面板中为文字设置渐变色或图案填充效果，可使用"图层样式"功能，或将文字转换为形状后进行设置。

4.9.2 "段落"面板

对于点文字来说，每一行就是一个单独的段落；而对于段落文字来说，一段可能有多行。段落格式的设置主要通过"段落"面板来实现，执行"窗口>段落"命令，即可打开"段落"面板，如图4-110所示。

段落缩进 ← 对齐方式

段前或断后添加空格

图4-110

- 对齐方式：在Photoshop中创作图像作品时，为了达到图像整体效果的协调性，一般都需要对输入文本的对齐方式进行设置。选中需要设置段落文字对齐方式的段落，单击"段落"面板最上方的段落对齐按钮即可。
- 段落缩进：指段落文字与文字边框之间的距离，或者段落首行缩进的文字距离。进行段落缩进时，只会影响选中的段落区域，因此可以对不同段落设置不同的缩进方式和间距。
- 段前或段后添加空格：可以用来设置段落之间的上下间距。

01 打开素材 "点文本与段落文本间的互相转换.psd"，使用"横排文字工具"在文字上单击，可以看到该文字为点文字，如图4-111所示。使用"移动工具"，在"图层"面板上选中该文字图层，如图4-112所示。

图4-111

图4-112

02 执行"类型>转换为段落文本"命令，即可将其转换为段落文字，文字效果如图4-113所示。

图4-113

图4-113（续）

4.10 编辑文字

在 Photoshop CC中，除了可以在"字符"面板和"段落"面板中编辑文本外，还可以通过命令编辑文字，如将文字转换为选区、转换为形状等。

4.10.1 将文字转换为选区范围

在 Photoshop CC中制作图像时，文本不仅仅只是简单的文字，有时它也作为图像应用。将文本转换为选区范围，再进行相应的编辑和处理，便是其中一个非常重要的应用。

打开素材图像，使用"横排文字工具"在画布中输入相应的文字，如图4-114所示。选择文字图层，按住【Ctrl】键的同时单击"图层"面板上的文字图层缩览图，就可以调出文字的选区范围，如图4-115所示。

图4-114

图4-115

4.10.2 将文字转换为路径

打开素材图像，使用文字工具在图像上输入相应的文本内容，如图4-116所示。选择文字图层，执行"文字>创建工作路径"命令，可以基于文字创建工作路径，原文字属性保持不变，隐藏文字图层，效果如图4-117所示。

图4-116

图4-117

4.10.3 将文字转换为形状

接上例，执行"文字>转换为形状"命令，即可以将其转换为形状图层，如图4-118所示。

图4-118

4.10.4 栅格化文字

在Photoshop CC中，使用文字工具输入的文字是矢量图，其优点是可以无限放大不会出现马赛克现象，而缺点是无法使用Photoshop CC中的滤镜和一些工具、命令，因此使用栅格化命令将文字栅格化，可以制作更加丰富的效果。

栅格化是将文字图层转换为普通图层，并使其内容成为不可编辑的文本，执行"图层>栅格化>文字"命令，如图4-119所示。即可将文字图层转换为普通图层，如图4-120所示。

图4-119

图4-120

实战18　绘制简单的日历软件界面

本实例绘制了很常见的日历软件界面，总体来说比较简单，主要使用了文字工具、矩形工具和图层样式。最终效果如图4-121所示。

图4-121

使用到的技术	钢笔工具、载入画笔、图层样式、创建选区
学习时间	45分钟
视频地址	视频\第4章\绘制简单的日历软件界面.swf
源文件地址	源文件\第4章\绘制简单的日历软件界面.psd

01 执行"文件>新建"命令，弹出"新建"对话框，新建一个空白文档，如图4-122所示。将素材"方格背景.jpg"拖入设计文档中，效果如图4-123所示。

图4-122

图4-123

02 使用"矩形框选工具"绘制一个羽化为5像素的矩形选区并填充黑色，效果如图4-124所示。使用同样的方法绘制相似图像，如图4-125所示。

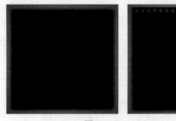

图4-124　　　　　　图4-125

03 将绘制图形合并图层，如图4-126所示。使用"矩形工具"绘制填充为白色的矩形形状，如图4-127所示。

图4-126　　　　　　图4-127

04 使用"椭圆工具"，在"选项"栏中设置"路径操作"为"减去顶层形状"，创建出如图4-128所示的圆。使用相同的方法绘制其他图像，如图4-129所示。

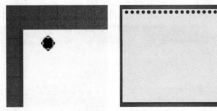

图4-128　　　　　　　　图4-129

05 新建图层，使用"矩形工具"设置"工具模式"为"路径"，绘制矩形路径，将路径转换为选区，为选区填充颜色为RGB（63、63、63），如图4-130所示。打开"图层样式"对话框，选择"渐变叠加"选项进行相应设置，如图4-131所示。

图4-130

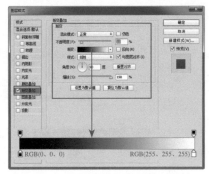

图4-131

06 图像效果如图4-132所示。使用"直线工具"设置"工具模式"为"路径"，绘制粗细为1像素的矩形路径，将路径转换为选区，填充颜色为RGB（112、112、112），如图4-133所示。

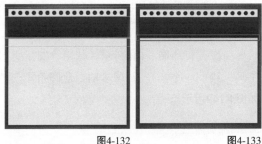

图4-132　　　　　　　　图4-133

07 打开"文字"面板，设置文字属性，如图4-134所示。在文档中输入文字，如图4-135所示。

图4-134　　　　　　　　图4-135

08 打开"图层样式"对话框，选择"内阴影"选项进行相应设置，如图4-136所示。选择"渐变叠加"选项进行相应设置，如图4-137所示。

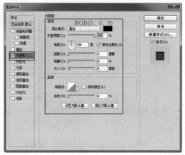

图4-136

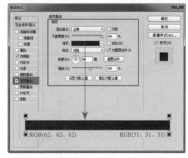

图4-137

09 继续在对话框中选择"投影"选项进行相应设置，如图4-138所示。图像效果如图4-139所示。

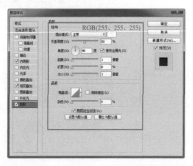

图4-138

图4-139

⑩ 拖出参考线，使用"矩形工具"设置"工具模式"为"路径"，绘制矩形路径，将路径转换为选区，为选区填充颜色为RGB（49、104、238），如图4-140所示。使用"文字工具"输入文字，如图4-141所示。

图4-140

图4-141

⑪ 使用相同的方法绘制相似图像，效果如图4-142所示。新建图层，使用"矩形工具"绘制一个矩形路径，打开"图层样式"对话框，选择"渐变叠加"选项进行相应设置，如图4-143所示。

图4-142

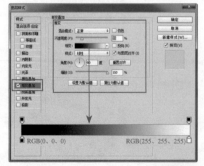
图4-143

⑫ 图像效果如图4-144所示。使用"直线工具"绘制分隔栏，效果如图4-145所示。

图4-144

图4-145

⑬ 使用"文字工具"输入文字，效果如图4-146所示。选择"数字18"，打开"图层样式"对话框，选择"颜色叠加"对话框，设置参数如图4-147所示。

图4-146

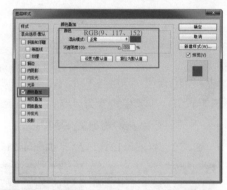
图4-147

⑭ 图像效果如图4-148所示。使用"圆角矩形工具"绘制一个半径为3像素的白色圆角矩形，如图4-149所示。

图4-148

图4-149

⑮ 打开"图层样式"对话框，选择"描边"选项进行相应设置，如图4-150所示。选择"内阴影"选项进行相应设置，如图4-151所示。

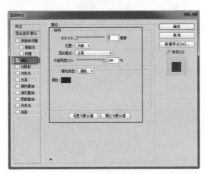
图4-150

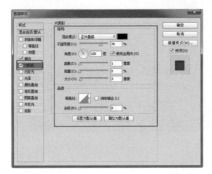
图4-151

⑯ 继续在对话框中选择"内发光"选项进行相应设置，如图4-152所示。选择"渐变叠加"选项进行相应设置，如图4-153所示。

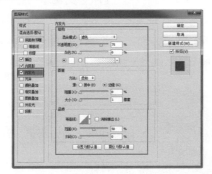
图4-152

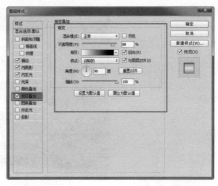
图4-153

⑰ 图像效果如图4-154所示。重复复制"圆角矩形1"，调整其位置，效果如图4-155所示。

图4-154

图4-155

⑱ 将图层进行编组，并调整图层间的顺序，如图4-156所示。完成日历软件界面的绘制，图像效果如图4-157所示。

图4-156

图4-157

4.11 扩展练习

软件制作完成后，一般都会给软件制作一个发布界面，软件发布界面要符合软件系统的内在要求，给人带来美好的体验，让人有耳目一新的感觉。本软件发布系统以深蓝色为主色调，给人稳定高品质的感觉，在制作过程中应用各种效果，带来强烈的视觉震撼力。最终效果如图4-158所示。

121

图4-158

4.12 本章小结

本章主要向用户介绍了一些软件界面设计方面的基础知识，包括软件界面设计的目的、基本分类和软件界面设计应该遵循的原则等。本章的重点内容有两个，一是熟悉掌握"图层蒙版隐藏效果"选项的使用方法；二是学会应用"样式"面板中的预设样式，掌握载入样式、编辑样式和存储样式的操作方法；三是掌握"文字工具"的使用。

源文件地址：源文件\第4章\绘制软件发布界面.PSD
视频地址：视频\第4章\绘制软件发布界面.SWF

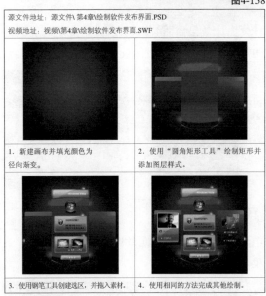

1. 新建画布并填充颜色为径向渐变。	2. 使用"圆角矩形工具"绘制矩形并添加图层样式。
3. 使用钢笔工具创建选区，并拖入素材。	4. 使用相同的方法完成其他绘制。

第4章 练习题

一、填空题

1．清晰一致的设计，软件的（　　　）和（　　）应该协调一致，所有具有相同含义的术语应该统一，且易于理解和使用。

2．软件的屏幕显示设计主要包括布局、（　　　）和（　　）等。

3．"样式"面板中存放着大量常用的（　　　　），用户可以使用它们快速创建出各种立体效果，提高操作效率。

4．"常规混合"属性中的"不透明度"、"混合模式"与（　　　）面板中的对应选项作用相同。

5．当图层包含（　　　）时，设置该项只会影响（　　　）的不透明度，不会影响（　　　　）的不透明度。

二、选择题

1．软件界面中的图标应该尽量美观、简洁，功能设置应该合理，便于了解和使用，尽可能降低用户发生误操作的概率。这体现了（　）原则。

    A．易用性　　　B．清晰性　　　C．一致性　　　D．人性化

2．屏幕布局因为功能的不同考虑而侧重点也要有所不同，各个功能区要重点突出，功能明显，在屏幕布局中还要注意到一些基本数据的设置。这体现了（　）要点。

  A．颜色   B．布局   C．文字用语 D．文本

3．（　）用于指定字符串之间的行距，用户可以直接在文本框中输入具体的数值。设置的数值越高，两行文字之间的距离就越远。

  A．间距   B．微距   C．行距   D．字间距

4．比例间距▓：该项用于设置所选字符串的比例间距，取值范围为（　）。设置的参数值越高，字符之间的距离越小。

  A．0%~80% B．0%~100% C．0%~50% D．0%~60%

5．输入段落文字时，（　）会基于文本框的大小自动换行。

  A．文本   B．段落   C．字体   D．文本段落

三、简答题

软件界面设计的标准是什么？

第5章 手机界面设计

手机UI设计是手机软件的人机交互、操作逻辑、界面美观的整体设计。置身于手机操作系统中人机交互的窗口，设计界面必须基于手机的物理特性和软件的应用特性进行合理的设计，界面设计师首先应对手机的系统性能有所了解。手机UI设计一直被业界称为产品的"脸面"，好的UI设计不仅让手机变得有个性、有品味，还要让手机的操作变得舒适、简单、自由，充分体现手机的定位和特点。

5.1 手机界面设计的重要性

一款设计合理的界面能够使用户轻松地完成各种操作，如果一款手机界面中的功能安排不合理，给用户带来畏惧感，那么它就是失败的。

众所周知，手机属于便携式产品，它的屏幕面积很小，如何在这样有限的空间中安排各种元素和内容以实现所要求的功能，这无疑很考验设计者的功力。总体来讲，我们应该遵循执行效率、易学习性和易用性原则来设计手机界面，如图5-1所示。

图5-1

5.2 手机界面设计的要求

随着科技的不断发展，手机的功能变得越来越强大，基于手机系统的相关软件应运而生。手机设计的人性化已不仅仅局限于手机硬件的外观，手机界面设计的要求也在日渐增长，界面设计的规范性显得尤为重要。

5.2.1 界面效果的整体性、一致性

手机软件运行基于操作系统的软件环境，界面设计基于这个应用平台的整体风格，这样有利于产品外观的整合，如图5-2所示。

图5-2

界面的色彩及风格与系统界面统一

软件界面的总体色彩应该接近和类似系统界面的总体色调。一款外观与系统界面不统一的手机，会给用户带来不适感。

合理的系统界面设计包括图标、按钮的风格，以及在不同操作状态下的视觉效果。

操作流程系统化

手机用户的操作习惯是基于系统的，所以在界面设计的操作流程上，也要遵循系统的规范性，让用户可以会用手机就会使用软件，简化用户操作流程。

5.2.2 界面效果的个性化

设计时除了要注意界面的整体性和一致性，也要着重突出软件界面的个性化。整体性和一致性是基于手机系统视觉效果的和谐统一考虑的，个性化是基于软件本身的特征和用途考虑的，如图5-3所示。

图5-3

特有的界面构架

软件的实用性是软件应用的根本。在设计界面时，应该结合软件的应用范畴，合理地安排版式，以求达到美观适用的目的。这一点不一定能

与系统达成一致的标准，但它应该有它的行业标准。界面构架的功能操作区、内容显示区、导航控制区都应该统一一范畴，不同功能模块的相同操作区域的元素风格应该一致，使用户能迅速掌握对不同模块的操作，从而使整个界面统一在一个特有的整体之中。

专有的界面设计

软件的图标按钮是基于自身应用的命令集，它的每一个图形内容映射的是一个目标动作，因此作为体现目标动作的图标，它应该有强烈的表意性。制作过程中选择具有典型行业特征的图符，有助于用户识别，方便操作。图标的图形制作不能太繁琐，要适应手机显示面积，在制作上应尽量使用素图，确保图形清晰。如果针对立体化的界面，可考虑部分像素羽化，以增强图标的层次感。

界面色彩的个性化设置

色彩会影响一个人的情绪，不同的色彩会让人产生不同的心理效应；反之，不同的心理状态所能接受的色彩也是不同的。不断变化的事物才能引起人的注意，界面设计的色彩个性化，目的是通过色彩的变换协调用户的心理，让用户对软件产品时常保持一种新鲜感。

5.2.3 界面视觉元素的规范

界面视觉元素主要指的是图形图像元素的质量和线条色块与图形图像的结合两个方面。

图形图像元素的质量

尽量使用较少的颜色表现色彩丰富的图形图像，即确保数量最小的同时确保图形图像的效果完好，提高程序的工作效率，如图5-4所示。

图5-4

线条色块与图形图像的结合

界面上的线条与色块后期都会用程序来实现，这就需要考虑程序部分和图像部分的结合。自然结合才能协调界面效果的整体感，因此需要程序开发人员与界面设计人员密切沟通，达成一致。

5.3 手机界面设计的特征

与其他类型的软件界面设计相比，手机UI设计有着更多的局限性和其独有的特征，这种局限性主要来自由手机屏幕尺寸的局限。它要求设计师在着手设计制作之前，必须先对相应的设备进行充分的了解和分析。

总体来说，手机界面设计具有以下4个特征。

- 手机的显示屏相对较小，能够支持的色彩也比较有限，可能无法正常显示颜色过渡过于丰富的图像效果，这就要求界面中的元素要尽可能处理将简洁。时下正流行的扁平化风格可谓将这点贯彻到了极致。

- 手机界面交互过程不宜设计得太复杂，交互步骤不宜太多。这可以提高操作的便利性，进而提高操作效率。

- 不同型号的手机支持的图像格式、音频格式和动画格式不一样，所以在设计之前要充分收集资料，选择尽可能通用的格式，或者对不同型号进行配置选择。

- 不同型号的手机屏幕比例不一致，所以设计时还要考虑图片的自适应问题和界面元素图片的布局问题。

通常来说，制作手机UI界面时会按照最常用、最大尺寸的屏幕进行制作，然后分别为不同尺寸的屏幕各切出一套图，这样就可以保证大部分的屏幕都可以正常显示。

5.4 手机界面设计的基本常识

手机界面是置于手机操作系统中的人机交互的窗口，手机界面必须基于手机的物理特性和软件功能进行设计。本节主要介绍一些基础的手机界面设计相关的知识，包括常见的手机屏幕分辨率、色彩级别和手机界面设计的图标尺寸。

5.4.1 常见手机显示屏分辨率

手机屏幕的分辨率对于手机UI设计而言是一个极其重要的参数，这关系到一套UI界面在不同分辨率屏幕上的显示效果。目前，市场上较为常见的手机屏幕分辨率主要包括以下6种分辨率。

屏幕类型	特征描述
QVGA	全称Quarter VGA，是目前最常见的手机屏幕分辨率，竖向240×320像素，横向320×240像素，是VGA分辨率的四分之一。
HVGA	全称Half-size VGA，大多用于PDA，480×320像素，宽高比为3：2，是VGA分辨率的一半。
WVGA	全称Wide VGA，通用于PDA或者高端智能手机，分辨率分为854×480像素和800×480像素两种。
QCIF	全称Common Intermediate Format，用于拍摄QCIF格式的标准化图像，屏幕分辨率为176×144像素。
SVGA	全称Super VGA，屏幕分辨率为800×600像素，随着显示设备行业的发展，SXGA+（1400×1050像素）、UXGA（1600×1200像素）、QXGA（2048×1536像素）也逐渐上市。
WXGA	WXGA（1280×800像素）多用于13~15英寸的笔记本电脑。 WXGA+（1440×900像素）多用于19英寸宽屏。 WSXGA+（1680×1050像素）多用于20英寸和22英寸的宽屏，也有部分15.4英寸的笔记本使用这种分辨率。 WUXGA（1920×1200像素）多用于24~27英寸的宽屏显示器。 而WQXGA（2560×1600像素）多用于30英寸的LCD屏幕。

5.4.2 手机界面的色彩级别

手机屏幕色彩实质上是指屏幕可以显示的色彩数量。

目前，市场上彩屏手机的色彩指数由低到高依次可分为：单色、256色、4096色、65536色、26万色和1600万色。其中256是2的8次方，即8位彩色，依此类推，65536色是2的16次方，即通常所说的16位真彩色。

手机的显示内容主要可以分为3类：文字、简单图像（例如简单的线条和卡通图形等）和照片。不同色彩级别屏幕的显示效果截然不同。文字通常只需要很少的颜色就可以正常表现，而色彩细腻丰富的图像则需要色彩级别较高的屏幕才能完美的表现，如图5-5所示。

图5-5

在测试手机屏幕的色彩时，可以依据以下3个指标：红绿蓝三原色的显示效果、色彩过渡的表现和灰度等级的表现。

5.4.3 手机界面设计图标的尺寸

图标是具有特殊指代意义的图形，在手机UI界面中的地位非常重要。一枚精美绝伦的图标总是可以轻易地吸引用户点击，对于一款App来说，设计一枚漂亮的图标是绝对有必要的。

众所周知，目前市面上较为常见的手持设备操作系统主要有3种：iOS、Android和Windows Phone。下面就分别介绍一下iOS操作系统和Android操作系统中图标的具体尺寸，为创建手持设备UI界面提供标准和规范。图5-6所示为iOS操作系统的图标尺寸。图5-7为Android操作系统的图标尺寸。

iOS操作系统

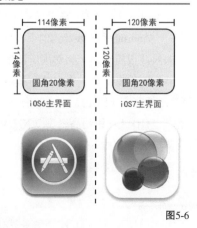

图5-6

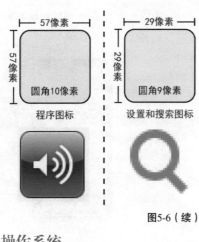

图5-6（续）

Android操作系统

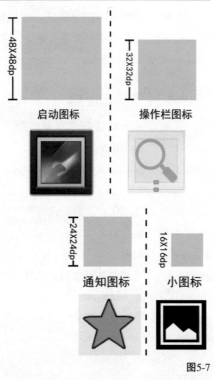

图5-7

	低密度LDPI	中等密度MDPI	高密度HDPI	超高密度XHDPI
分辨率	12DPI左右	160DPI左右	240DPI左右	320DPI左右
小屏	240×320		480×460	
普屏	240×400 240×432	320×480	480×800 800×854 600×1024	640×960
大屏	480×800 400×854	480×800 400×854 600×1024		
超大屏	1024×600	1280×800 1024×768 1280×768	1536×1152 1920×1152 1920×1200	2048×1536 2560×1536 2560×1600

Android系统与iOS系统有一个很大的不同点——Android系统涉及到的手机种类非常多，屏幕的尺寸很难有一个相对固定的参数，所以我们只能按照手机屏幕的横向分辨率将它们大致分为4类：低密度（LDPI）、中等密度（MDPI）、高密度（HDPI）和超高密度（XHDPI），下面是具体参数。

实战19 绘制手机界面中的游戏图标

本实例制作了一款精致的大红色中国龙图标。实例难点在于按钮中心的水晶球质感的体现和龙的绘制。该图标底座为精致的冷金属质感，中心的水晶球为大气的中国红，使得白色的龙形图案极为醒目，可谓极尽恢弘威武之能事。

最终效果如图5-8所示。

图5-8

使用到的技术	载入选区、形状工具、图层样式、画笔工具
学习时间	15分钟
视频地址	视频\第5章\绘制手机界面中的游戏图标.swf
源文件地址	源文件\第5章\绘制手机界面中的游戏图标.psd

01 执行"文件>新建"命令，弹出"新建"对话框，新建一个空白文档，如图5-9所示。使用"椭圆工具"设置"工具模式"为"形状"，在画布

中创建一个任意颜色的正圆，如图5-10所示。

图5-9

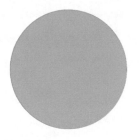

图5-10

02 双击该图层缩览图，在弹出的"图层样式"对话框中选择"描边"选项进行相应设置，如图5-11所示。选择"渐变叠加"选项进行相应设置，如图5-12所示。

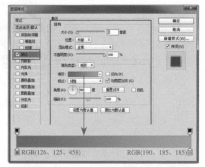

图5-11

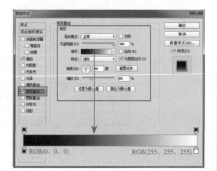

图5-12

03 图形效果，如图5-13所示。按快捷键

【Ctrl+J】复制该图层，并使用"椭圆工具"，设置"路径操作"为"与形状区域相交"，计算出如图5-14所示的形状。

图5-13

图5-14

　　提示：使用形状工具绘制的同时按下【Shift】键，可将创建的形状添加到之前的形状中；使用形状工具绘制的同时按下【Alt】键，可将创建的形状从之前的形状中排除；使用形状工具绘制的同时按下【Shift+Alt】键，可将新形状与之前的形状交叉。

04 弹出"图层样式"对话框，选择"渐变叠加"选项进行相应设置，如图5-15所示。图形效果如图5-16所示。

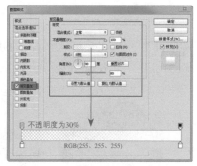

图5-15

图5-16

提示：这里将按钮高光区域改为蓝色是为了便于观察，实际操作时应该设置该形状的"填充"为"无"，否则图层样式中应用的透明渐变将无法正常表现。

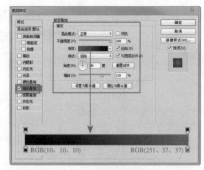

图5-21

05 复制"椭圆1"到图层最上方，修改其"填充"为RGB（120,120,120），并将其等比例缩小，如图5-17所示。打开"图层样式"对话框，选择"斜面与浮雕"选项进行相应设置，如图5-18所示。

图5-17

图5-18

06 设置完成后的图形效果如图5-19所示。再次复制该图层，并将其等比例缩小，如图5-20所示。

图5-22

08 使用"钢笔工具"，在按钮中绘制如图5-23所示的图形（可为任意颜色）。打开"图层样式"对话框，选择"渐变叠加"选项进行相应设置，如图5-24所示。

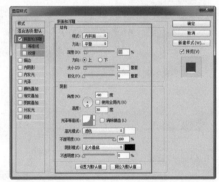

图5-19   图5-20

07 打开"图层样式"对话框，选择"渐变叠加"选项进行相应设置，如图5-21所示。设置完成后单击"确定"按钮，得到图形效果，如图5-22所示。

图5-23

图5-24

09 设置该图层"不透明度"为60%，如图5-25所示。新建"图层2"，使用柔边画笔在按钮上涂抹颜色RGB（225、77、65），如图5-26所示。

图5-25　　　　　　　　　　　图5-26

⑩ 按下【Ctrl】键单击"形状1"的缩览图载入选区，然后为"图层2"添加图层蒙版，如图5-27所示，"图层"面板如图5-28所示。

图5-27

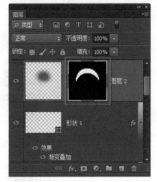

图5-28

⑪ 使用"钢笔工具"，设置"工具模式"为"形状"，在按钮中绘制白色的龙，如图5-29所示。打开"图层样式"对话框中选择"投影"选项进行设置，如图5-30所示。

图5-29

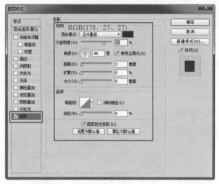

图5-30

⑫ 图形效果如图5-31所示。至此完成大气恢弘中国龙按钮的全部制作过程，文档"图层"面板如图5-32所示。

图5-31

图5-32

⑬ 隐藏"背景"图层，执行"图层>裁切"命令，裁掉文档边缘的透明像素，如图5-33所示。执行"文件>存储为Web所用格式"命令，弹出"存储为Web所用格式"对话框，对图像进行优化，将其存储为透底图像，如图5-34所示。

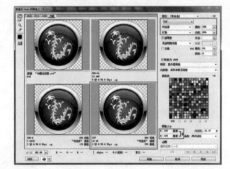

图5-33

图5-35（续）

在Photoshop CC中选区分为普通选区与羽化选区两类。普通选区的边缘清晰、精确,不会对选区外侧的图像产生影响,而使用羽化选区处理图像时,会在图像的边缘产生淡入淡出的效果。如图5-36所示为分别对普通选区与羽化选区填充颜色后的效果。

图5-34

5.5 选区的操作

选区是Photoshop中使用频率最高的一个功能,通过选区可以选择图像中的局部区域,从而可以对图像的局部区域进行操作。本章将向用户系统介绍选区的创建方法,包括选区的基本创建方法与特殊创建方法。

5.5.1 选区的概述

选区用于分离图像的一个或多个部分,通过选择特定区域,可以编辑效果和滤镜并应用于图像的局部,同时保持未选定区域不会被改动。如图5-35所示为原始图像与通过选区为图像局部上色的效果。

图5-36

5.5.2 创建选区的方法

创建选区的方法有很多种,下面我们将详细介绍创建选区的方法。

利用图像的基本形状创建选区

在创建选区时,如果图像的边缘形状为矩形、椭圆形或圆形,那么可以直接单击工具箱中相应的选框工具来创建选区。如图5-37所示为使

图5-35

用"椭圆选框工具"创建的选区。此外，当图像对象的边缘呈直线状态时，则可以选择"多边形套索工具"创建选区，如图5-38所示。如果对选区的形状或精确度要求不高，则可以通过使用"套索工具"快速绘制选区。

图5-37

图5-38

使用"钢笔工具"创建选区

"钢笔工具"是Photoshop CC中的矢量绘图工具，它可以绘制出平滑的曲线路径，如果对象为不规则图形，且边缘较为平滑，如图5-39所示，则可使用"钢笔工具"沿图像边缘轮廓绘制路径，并将路径转换为选区，从而选中所需对象，如图5-40所示。

图5-39

图5-40

色调差异创建选区法

在创建选区时，如果选择的对象与背景之间的色调差异比较明显，则可以利用"魔棒工具"、"快速选择工具"、"色彩范围"命令、"混合颜色带""磁性套索工具"等来进行选取。如图5-41所示为使用"魔棒工具"抠出的人物面具图像。

图5-41

快速蒙版创建选区法

创建选区之后，单击工具箱中的"快速蒙版"按钮，进入快速蒙版状态，可以使用各种绘画工具或者滤镜对选区进行细致的加工，以确保选取的精确性。如图5-42所示为使用"快速蒙版"抠出雨伞，并更换背景后的效果。

图5-42

图5-45

简单选区细化法

创建选区时，还可以使用"调整边缘"功能，它不仅能够轻松地选取一些毛发等细微的图像，而且可以消除选区边缘及周围的背景色。如图5-43所示为使用"快速选择工具"创建的大致选区，如图5-44所示为使用"调整边缘"命令抠出的人物图像。

图5-43　　　　　图5-44

利用通道创建选区法

对于不同的图像，应该采用不同的创建选区的方法，针对一些（如婚纱、烟雾、玻璃等）透明的对象，以及被风吹动的树枝、高速行驶的汽车等边缘较为模糊的图像，可以利用通道创建选区，并且还可以在选区中使用"滤镜"、"混合模式"、"选区工具"、"画笔"等功能进行编辑。如图5-45所示为使用通道抠出的图像。

5.6　创建选区的工具

在Photoshop CC中需要对图像的各种问题进行处理，如对图像的整体或局部进行细致处理。在对图像的局部进行处理时，可以使用不同的工具创建选区，创建选区的工具主要有选框工具、套索工具和魔棒工具3种类型。本节将为用户讲解这3种创建选区工具的使用方法。

5.6.1　选框工具组

选框工具是Photoshop CC中最基本的创建选区工具，在选框工具组中有"矩形选框工具"、"椭圆选框工具"、"单行选框工具"和"单列选框工具"4种，如图5-46所示。

图5-46

选框工具的使用方法很简单，只需要在画布中拖拽（矩形、椭圆选框工具）或单击（单行、单列选框工具或固定大小的矩形、椭圆选框工具）即可创建选区，如图5-47所示。

图5-47

5.6.2 选框工具的选项栏

在选项栏中可以对选框工具的相关属性进行设置，4种选框工具在选项栏中的相关选项设置大体相同。如图5-48所示为"椭圆选框工具"的选项栏。

选区运算按钮组

样式

图5-48

- 选区运算按钮组：选区的运算方式有"新选区"、"添加到选区"、"从选区减去"和"与选区交叉"4种。
- 羽化：用来设置选区羽化的值，羽化值的范围在0~250 像素之间，羽化值越高，羽化的宽度范围也就越大；羽化值越小，创建的选区越精确。
- 消除锯齿：图像中最小的元素是像素，而像素是正方形的，所以在创建椭圆、多边形等不规则选区时，选区会产生锯齿状的边缘，

尤其在将图像放大后，锯齿会更加明显。该选项可以在选区边缘一个像素宽的范围内添加与周围图像相近的颜色，使选区看上去比较光滑。

- 样式：用来设置选区的创建方法，一共有"正常"、"固定比例"和"固定大小"3种设置样式的方法。

实战20 绘制iOS应用商店图标

本实例的主要目的是教会读者如何为图标添加阴影和倒影效果，使图标看起来更加逼真、华丽。制作时一定要掌握每个图层样式的参数值。最终效果如图5-49所示。

图5-49

使用到的技术	形状工具、图层样式、创建选区
学习时间	30分钟
视频地址	视频\第5章\绘制iOS应用商店图标.swf
源文件地址	源文件\第5章\绘制iOS应用商店图标.psd

01 执行"文件>新建"命令，弹出"新建"对话框，新建一个空白文档，如图5-50所示。选择"圆角矩形工具"，设置"工具模式"为"像素"，在画布中绘制一个"半径"为80像素的任意颜色的圆角矩形，如图5-51所示。

图5-50

图5-51

02 打开"图层样式"对话框，选择"渐变叠加"选项设置参数值，如图5-52所示。图像效果如图5-53所示。

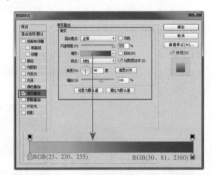

图5-52

图5-53

03 新建"图层3"，使用"椭圆选框工具"按下【Shift】键，在圆角矩形正中间创建选区并填充白色，如图5-54所示。执行"选择>修改>收缩"命令，在弹出的"收缩选区"对话框中设置参数值，如图5-55所示。

图5-54

图5-55

04 按下【Delete】键删除选区内容，如图5-56所示。打开"图层样式"对话框，选择"斜面与浮雕"选项设置参数值，如图5-57所示。

图5-56

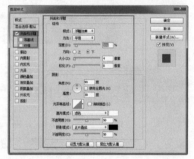

图5-57

05 继续选择"渐变叠加"选项设置参数值，如图5-58所示。图像效果如图5-59所示。

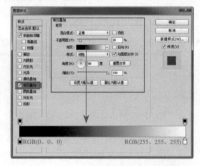

图5-58

图5-59

06 新建图层，在画布中绘制矩形，如图5-60所示。打开"图层样式"对话框，选择"描边"选项设置参数值，如图5-61所示。

图5-60

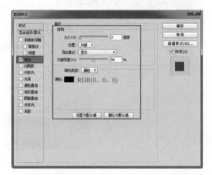

图5-61

07 继续选择"渐变叠加"选项设置参数值，如图5-62所示。图像效果如图5-63所示。

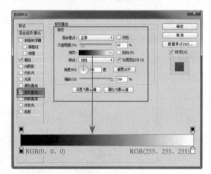

图5-62

图5-63

08 新建图层，选择"钢笔工具"，设置"工具模式"为"路径"，在画布中绘制路径，将路径

转换为选区并填充白色如图5-64所示。使用相同的方法完成相似制作，如图5-65所示。

图5-64

图5-65

09 打开"图层样式"对话框，选择"描边"选项设置参数值，如图5-66所示。选择"渐变叠加"选项设置参数值，如图5-67所示。

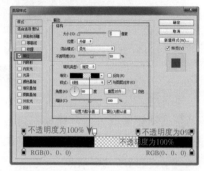

图5-66

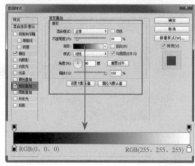

图5-67

10 图像效果如图5-68所示。载入该图层选区，如图5-69所示。

图5-68

图5-69

⑪ 执行"选择>修改>扩展"命令，将选区扩展2像素，如图5-70所示。单击"确定"按钮，选中"图层4"，按下【Delete】键，删除选区内容，如图5-71所示。

图5-70

图5-71

⑫ 使用相同的方法完成相似内容制作，如图5-72所示。使用"文字工具"，在图标的底部输入文字，如图5-73所示。

App Store

图5-72　　　　　　图5-73

⑬ 隐藏其他相关图层，执行"图像>裁切"命令，裁掉图像周围的透明像素，如图5-74所示。执行"文件>存储为Web所用格式"命令，弹出"存储为Web所用格式"对话框，对图像进行优化存储，如图5-75所示。

图5-74

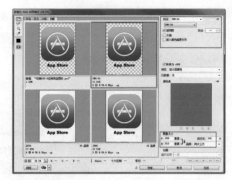

图5-75

5.6.3　套索工具组

使用套索工具组中的工具可以创建不规则的选区，共有"套索工具"、"多边形套索工具"和"磁性套索工具"3种工具，如图5-76所示。

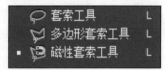

图5-76

- 套索工具："套索工具"的使用方法与选框工具的使用方法基本相同，都是通过在画布中拖拽创建选区，只是"套索工具"比选框工具自由度更大，几乎可以创建任何形状的选区，如图5-77所示。

图5-77

- 多边形套索工具：使用"多边形套索工具"可以在画布中单击设置选区起点，在其他位置单击，在单击处自动生成与上一点相连接的直线，它适合创建由直线构成的选区，如图5-78所示。

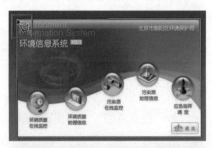

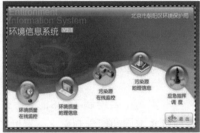

图5-78

- 磁性套索工具："磁性套索工具"具有自动识别绘制对象边缘的功能，如果对象的边缘较为清晰，并且与背景对比明显，使用该工具可以快速选择对象的选区，如图5-79所示。

图5-79

5.6.4 "磁性套索工具"的选项栏

"磁性套索工具"可以创建更加细腻、精确的选区，针对不同的图像，可以在选项栏中进行相应的设置。如图5-80所示为"磁性套索工具"的选项栏。

图5-80

- 宽度：该值决定了以光标中心为基准，其周围有多少个像素能够被磁性套索工具检测到。如果对象的边缘比较清晰，可以使用较大的宽度值；如果边缘不是特别清晰，则需要用一个较小的宽度值。
- 对比度：用来设置工具感应图像边缘的灵敏度。如果图像的边缘清晰，可将该值设置高一些；如果边缘不是特别清晰，则设置低一些。
- 频率：在使用"磁性套索工具"创建选区的过程中会生成许多锚点，"频率"决定了这些锚点的数量。该值越高，生成的锚点越多，捕捉到的边缘越准确，但是过多的锚点会造成选区的边缘不够光滑。如图5-81所示为分别设置"频率"为50与100的对比效果。

图5-81

5.6.5 魔棒工具组

在魔棒工具组中有"快速选择工具"与"魔棒工具"两种工具，如图5-82所示。通过这两种工具可以选择图像中色彩变化不大且色调相近的区域。

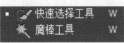

图5-82

快速选择工具

"快速选择工具"能够利用可调整的圆形画笔笔尖快速绘制选区，可以拖动或单击以创建选区，选区会向外扩展并自动查找和跟随与图像中定义颜色相近的区域。单击工具箱中的"快速选择工具"按钮，在画布中拖动即可创建选区，如图5-83所示。

使用"快速选择工具"时，可以在该工具的选项栏中对工具进行相关设置，如图5-84所示。

图5-83

图5-84

魔棒工具

"魔棒工具"能够选取图像中色彩相近的区域，适合选取图像中颜色比较单一的选区。单击工具箱中的"魔棒工具"按钮，在画布中拖动即可创建选区，如图5-85所示。

使用"快速选择工具"时，可以在该工具的选项栏中对工具进行相关设置，如图5-86所示。

图5-85

图5-86

5.7 创建选区的其他方法

用户在处理图像时，有时需要创建一些精确的选区，在本章中讲到的创建选区的方法虽然快速，但却不能保证创建出来的选区可以达到所需的精度，所以还需要使用其他一些方法创建选区，如"色彩范围"、"快速蒙版"和"调整边缘"等方法。这些创建精确选区的方法将在第6章向用户进行详细讲解。

实战21 绘制iOS操作系统手机界面

本实例主要绘制了iOS的主界面，主要注意精确对齐不同的图标和文字就可以了。最终效果如图5-87所示。

图5-87

使用到的技术	标尺、参考线、图层样式、形状工具
学习时间	30分钟
视频地址	视频\第5章\绘制iOS操作系统手机界面.swf
源文件地址	源文件\第5章\绘制iOS操作系统手机界面.psd

01 执行"文件>打开"命令，打开背景素材"背景.png"，如图5-88所示。显示标尺，拖出大量的参考线，大致定位出屏幕中的各个功能区，如图5-89所示。

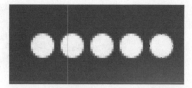

图5-92

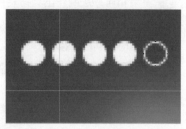

图5-93

04 使用相同方法绘制出如图5-94所示的图形。将这几个图层编组，使用"多边形套索"工具创建如图5-95所示的选区。然后为图层组添加蒙版，得到WiFi信号图标，如图5-96所示。

图5-94

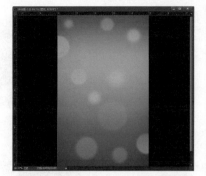

图5-88

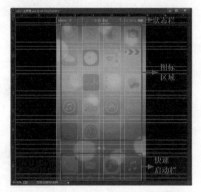

图5-89

02 使用"椭圆工具"在状态栏左侧创建一个白色圆点，如图5-90所示。按下【Alt】键多次复制圆点，并分别调整其位置，如图5-91所示。

图5-90

图5-95　　　　　　　图5-96

05 打开"字符"面板，适当设置字符属性，如图5-97所示，然后使用"横排文字工具"输入时间，效果如图5-98所示。

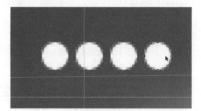

图5-91

03 使用"直接选择工具"选中一个圆点，按快捷键【Ctrl+J】将其复制，并调整位置，如图5-92所示。修改其"填充"颜色为"无"，"描边"为0.2点，效果如图5-93所示。

图5-97

141

图5-98

06 使用相同方法制作出状态栏中的其他图标，效果如图5-99所示，并将所有图层编组为"状态栏"，如图5-100所示。

●●●●○ ♀ 9:41 PM ◢ 90% ▭

图5-99

图5-100

07 将上个实例制作好的图标拖入到设计文档中，适当调整位置，如图5-101所示。使用相同方法拖入其他的图标，如图5-102所示。

图5-101

图5-102

08 打开"字符"面板，适当设置字符属性，如图5-103所示。使用"横排文字工具"在图标下方

输入相应的文字，如图5-104所示。

图5-103

图5-104

09 使用相同方法为其他图标输入相应的文字，如图5-105所示。使用相同方法制作出快速启动栏中的图标与文字，如图5-106所示。

图5-105　　　　　　　图5-106

> 提示：在制作其他图标的文字时，可以直接复制第一个图标的文字，然后移动位置修改文字内容即可。

10 使用"椭圆工具"绘制出翻页按钮，如图5-107所示。完成iOS主界面的制作，界面具体应用效果如图5-108所示。

图5-107 　　　　　　图5-108

5.8 关于Photoshop CC的调整命令

在一张图像中，色彩不只是真实记录下物体，还能够带给我们不同的心理感受。创造性地使用色彩，可以营造出各种独特的氛围和意境，使图像更具表现力。下面就来了解这些工具的使用方法。

5.8.1 调整命令的分类

Photoshop CC 的"图像"菜单中包含了用于调整图层色调和颜色的各种命令，如图5-109所示。这其中，一部分常用的命令也通过"调整"面板提供给了用户，如图5-110所示。这些命令主要分为以下几种类型。

图5-109

图5-110

5.8.2 调整命令的使用方法

Photoshop的调整命令可以通过两种方式来使用。第一种是直接用"图像"菜单中的命令来处理图像，第二种是使用调整图层来应用这些调整命令。这两种方式可以达到相同的效果。它们的不同之处在于："图像"菜单中的命令会修改图像的像素数据，而调整图层则不会修改像素，它是一种非破坏性的调整功能。

课堂练习

01 打开素材"地图图标.jpg"，如图5-111所示。执行"图像>调整>色相/饱和度"命令，使用"色相/饱和度"命令来调整它的颜色，"背景"图层中的像素就会被修改，如图5-112所示。

图5-111

图5-112

02 同样，打开素材图像，单击"创建新的填充或调整图层"按钮，在弹出的下拉菜单中选择"色相/饱和度"命令，如图5-113所示，则可在当前图层的上面创建一个新的调整图层，调整命令通过该图层对下面的图像产生影响，调整结果与使用"图像"菜单中的"色相/饱和度"命令完全相同，但下面图层的像素却没有任何变化，如

图5-114所示。

图5-113   图5-114

03 使用"调整"命令调整图像后，不能修改调整参数，而调整图层却可以随时修改参数，如图5-115所示。并且，只需隐藏或删除调整图层，便可以将图像恢复为原来的状态，如图5-116所示。

图5-115

图5-116

5.9 图像色调的基本调整命令

在Photoshop CC中提供了图像色调的基本调整命令，如"色阶""曲线""色相/饱和

度""亮度/对比度"等，下面将向用户分别进行相应的介绍。

5.9.1 色阶

"色阶"命令可以用来重新调整图像中阴影、高光和中间调的分布，常被用来校正发灰的图像，下面是该命令的具体使用方法。

首先执行"文件>打开"命令，打开需要调整的图像，如图5-117所示。执行"图像>调整>色阶"命令，弹出"色阶"对话框，如图5-118所示。

图5-117

图5-118

在"色阶"对话框中分别将代表阴影的黑色滑块和代表高光的白色滑块拖拽到有信息的位置，如图5-119所示。设置完成后单击"确定"按钮，可以看到图像颜色变得鲜艳明亮了很多，如图5-120所示。

图5-119

图5-120

5.9.2 曲线

与"色阶"命令类似，"曲线"命令也可以用来调整图像亮度值的分布情况。但是"曲线"的功能更加复杂强大，因为它允许用户添加多达15个控制点，来精确控制图像各个级别亮度值像素的分布。

执行"文件>打开"命令，打开需要调整的图像，如图5-121所示。执行"图像>调整>曲线"命令，弹出"曲线"对话框，如图5-122所示。

图5-121

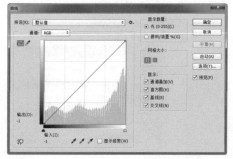

图5-122

在对话框中的斜线中点处单击添加控制点，并将该点向左上方移动，调整图像的中间调，如图5-123所示。设置完成后单击"确定"按钮，可以看到图像颜色变得亮丽了许多，各个部分的细节都清晰可见，如图5-124所示。

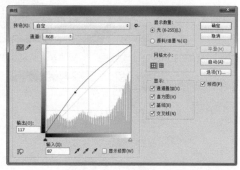

图5-123

图5-124

5.9.3 色相/饱和度

"色相/饱和度"命令主要用来改变图像整体或单个颜色的色相、饱和度和明度，还可以使用该命令为图像附着单一的颜色。

执行"文件>打开"命令，打开需要调整的图像，如图5-125所示。执行"图像>调整>色相/饱和度"命令，弹出"色相/饱和度"对话框，如图5-126所示。

图5-125

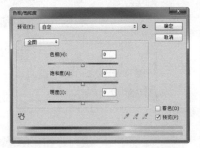

图5-126

设置调整范围为"红色"，然后适当修改"色相"和"饱和度"，如图5-127所示。设置完成后单击"确定"按钮，可以看到图像的颜色在改变，如图5-128所示。

图5-127

图5-128

> **提示**："色相/饱和度"命令的快捷键为【Ctrl+U】；当勾选该对话框中的"着色"选项时调整各个滑块，可为图像附着单一的色调。

5.9.4 亮度/对比度

"亮度/对比度"命令主要用来调整图像的亮度和对比度。虽然使用"色阶"和"曲线"命令都能实现此功能，但是这两个命令使用起来比较复杂，而使用"亮度/对比度"命令可以更加简便、直观地完成亮度和对比度的调整。

执行"文件>打开"命令，打开需要调整的图像，如图5-129所示。执行"图像>调整>亮度/对比度"命令，弹出"亮度/对比度"对话框，如图5-130所示。

图5-129

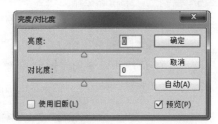

图5-130

在"亮度/对比度"对话框中可以对图像的亮度和对比度进行调整，拖动"亮度"滑块或在其文本框中输入数值（范围为-150~150），可以调整图像的亮度；拖动"对比度"滑块或在其文本框中输入数值（范围为-50~100），可以调整图像的对比度，如图5-131所示。单击"确定"按钮，完成"亮度/对比度"对话框的设置，图像效果如图5-132所示。

图5-131

图5-132

实战22 绘制Android拨号界面

本实例主要向读者介绍了Android App中拨号界面的制作过程，通过对该界面的制作，读者就会明白直线在Android App设计中的制作和运用。在制作时要注意按键上下左右的间距，可以通过辅助线来规范。最终效果如图5-133所示。

图5-133

使用到的技术	形状工具、图层样式、文字工具、钢笔工具
学习时间	30分钟
视频地址	视频\第5章\绘制Android拨号界面.swf
源文件地址	源文件\第5章\绘制Android拨号界面.psd

01 执行"文件>新建"命令，弹出"新建"对话框，新建一个空白文档，如图5-134所示。使用"椭圆工具"在画布中创建一个"填充"为RGB（55、90、160）的正圆，并使用"直接选择工具"适当调整形状，如图5-135所示。

图5-134

图5-135

02 再次执行"文件>新建"命令，新建一个10×10像素的透明背景文档，如图5-136所示。选择"矩形工具"，在画布中创建一个1×1像素的矩形，如图5-137所示。

图5-136

图5-137

03 反复复制并移动该形状，图像效果如图5-138所示。执行"编辑>定义图案"命令，弹出"图案名称"对话框，如图5-139所示。

图5-138

147

图5-139

> **提示：** 执行"编辑>定义图案"命令后，即可将图案载入"图案叠加"图层样式的图案中。并且"定义图案"可以将所有可见的图层都显示在定义图案中，所以在制作时一定要新建一个透明背景画布，或者隐藏背景图层。

04 单击"确定"按钮，返回设计文档，双击"图层样式"对话框，在弹出的"图层样式"对话框中选择"图案叠加"选项设置参数值，如图5-140所示。图像效果如图5-141所示。

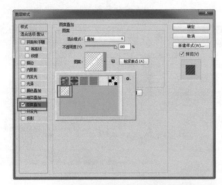

图5-140

图5-141

> **提示：** "图案叠加"是将定义的图案以平铺的形式分布于页面中的，因此在制作时要注意绘制的形状的摆放顺序与规则。
>
> 绘制1×1像素的矩形时，可以选择"矩形工具"，鼠标在画布中单击，即可弹出"创建矩形"对话框，将"宽度"和"高度"值改为1像素，单击"确定"按钮，即可准确地创建出1×1像素的矩形。

05 选择"矩形工具"，在画布顶部创建黑色的矩形，如图5-142所示。打开"图层样式"对话框，

选择"投影"选项设置参数值，如图5-143所示。

图5-142

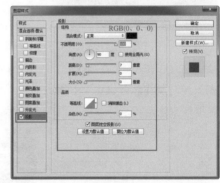

图5-143

06 图像效果如图5-144所示。选择"钢笔工具"，设置"填充"为RGB（67、67、67），在黑色矩形上绘制形状，如图5-145所示。设置"路径操作"为"合并形状"，在画布中绘制，如图5-146所示。

图5-144

图5-145

图5-146

> **提示：** 也可以使用"矩形工具"绘制一个矩形，使用"添加锚点工具"在矩形上下两条边上添加锚点，然后使用"直接选择工具"按下【Ctrl】键的同时拖动锚点修改路径。

⑦ 使用相同方法完成其他制作，图像效果如图5-147所示。打开"字符"面板设置参数值，并在画布中输入符号，如图5-148所示。

图5-147

图5-148

⑧ 使用相同方法完成相似制作，图像效果如图5-149所示。选择"直线工具"，设置"填充"为RGB（51、51、51），"粗细"为2像素，在画布中绘制直线，如图5-150所示。

图5-149

图5-150

⑨ 修改"填充"为RGB（51、181、229），"粗细"为12像素，在画布中绘制直线，如图5-151所示。使用相同方法完成相似制作，如图5-152所示。

图5-151

图5-152

⑩ 选择"钢笔工具"在画布中绘制白色的形状，如图5-153所示。选择"矩形工具"，设置"路径操作"为"减去顶层形状"，在形状中间绘制矩形，如图5-154所示。对路径进行旋转操作，如图5-155所示。

图5-153

图5-154　　　　　　　图5-155

⑪ 使用相同方法完成相似制作，修改图层"不透明度"为80%，图像效果如图5-156所示。继续绘制"填充"为RGB（4、14、18）、"粗细"为4像素的直线，如图5-157所示。

图5-156

图5-157

⑫ 使用相同方法完成相似制作，图像最终效果如图5-158所示。对相关图层进行编组，"图层"面板如图5-159所示。

图5-158　　　　　　　　图5-159

5.10　扩展练习

本实例主要制作了iOS中的文档图标。通过对本实例的学习，用户就会掌握理解折角效果的制作方法。本实例的难点就是折角形状的制作和图层样式的控制与掌握，因此在制作时要特别注意。最终效果如图5-160所示。

图5-160

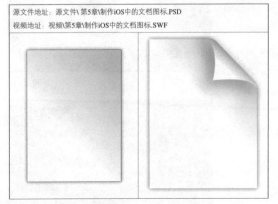

源文件地址：源文件\第5章\制作iOS中的文档图标.PSD
视频地址：视频\第5章\制作iOS中的文档图标.SWF

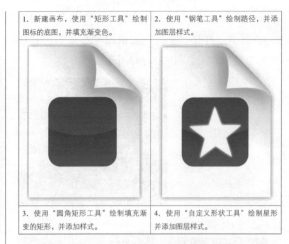

1. 新建画布，使用"矩形工具"绘制图标的底图，并填充渐变色。

2. 使用"钢笔工具"绘制路径，并添加图层样式。

3. 使用"圆角矩形工具"绘制填充渐变的矩形，并添加样式。

4. 使用"自定义形状工具"绘制星形并添加图层样式。

5.11　本章小结

本章主要介绍了一些与手机界面设计相关的基础知识，包括手机显示屏分辨率、色彩级别和手机界面的图标尺寸等内容。

重点讲解了Photoshop CC中创建选区的方法及调整图像的方法，熟练使用和掌握创建选区及调整图像的方法可以提升绘制图像的效率。

第5章　练习题

一、填空题

1. 合理的系统界面设计包括（　　　）、（　　　　　　）及在不同操作状态下的视觉效果。

2. 界面视觉元素主要指的是图形图像元素的（　　　）和（　　　　　　　　　）的结合两个方面。

3. 不同型号的手机支持的图像格式、音频格式和动画格式不一样，所以在设计之前要充分收集资料，选择尽可能（　　　　　　），或者对不同型号进行配置选择。

4. "钢笔工具"是Photoshop CC中的（　　　）绘图工具，它可以绘制出平滑的曲线路径。

5. 创建选区之后，单击工具箱中的"快速蒙版"按钮，进入快速蒙版状态，可以使用各种（　　　）或者（　　　）对选区进行细致的加工。

二、选择题

1. （　　　）是目前最常见的手机屏幕分辨率，其竖向240×320像素，横向320×240像素，为VGA分辨率的四分之一。

    A．HVGA   B．QVGA   C．QCIF   D．QVGA和QCIF

2. 8位彩色是（　　　）。

    A．256   B．8   C．16   D．明度

3. （　　　）是Photoshop CC中最基本的创建选区工具。

    A．矩形选框工具   B．选框工具   C．椭圆选框工具   D．直线工具

4. 选区运算按钮组中选区的运算方式有（　　　）种。

    A．8   B．6   C．4   D．2

5. （　　　）命令可以用来重新调整图像中阴影、高光和中间调的分布，常被用来校正发灰的图像。

    A．色阶   B．曲线   C．色彩平衡   D．明度

三、简答题

概述手机界面设计的特征。

第6章　播放器界面设计

近年来，播放器界面设计也随着信息的飞速发展而日新月异，人们常常能够在各种网站平台上看到外形美观，令人爱不释手的播放器。播放器界面也属于软件界面的一种，因此在设计时不仅要重视外形设计，更应该注重本身功能的整合，力求能够使用户毫无障碍、快捷有效地使用各个功能，从而提升用户体验。

6.1 注意人性化的设计

播放器界面设计和制作出来的目的就是为了方便用户使用，所以一款成功的播放器界面不仅需要有美观的外形，更要追求人性化和操作舒适性。

6.1.1 舒适性

着手设计和制作播放器之前，应该先定位产品的最终使用群体，并精心选择最适合的色调。播放器的整体颜色搭配应该能够体现产品的形象，与播放器整体效果协调统一，使界面整体效果给人以舒服清爽的感觉，如图6-1所示。

图6-1

6.1.2 可靠性

可靠性主要指用户可以自由做出选择，并且所有选择都应该是可逆的。当用户试图做出危险的选择时，系统会弹出相应的警告信息进行干预，对可能造成长时间等待的操作应该提供取消功能，方便用户的操作，如图6-2所示。

图6-2

图6-2（续）

6.1.3 个性化

播放器的功能虽然大都比较雷同，但设计者仍然可以通过提供各种个性化服务和功能来提升用户体验。播放器的个性化设计主要是指允许用户定制自己喜欢的歌曲列表并保存常听的播放列表，或选择自己喜欢的界面类型等，如图6-3所示。

图6-3

6.2 播放器界面设计的原则

播放器界面存在于我们生活的每一个角落，我们摸不到它，却可以实实在在地感受到它带给我们的乐趣。对于一款好的播放器界面来说，仅有华美时尚的外形是远远不够的，设计者们更应该注重功能的整合，切切实实地从用户的观点和需求出发，真正设计制作出美观又实用的播放器界面。播放器设计的3个原则是协调统一性、创造性和视觉冲击力。

6.2.1 协调统一性

协调统一性是指播放器界面中各个元素的风格应该协调统一，这是任何类型的UI设计都应该遵循的原则。统一性原则和创意性原则并不矛盾，统一性着重强调播放器界面的各个功能要协调统一，创意性则强调播放器界面的整体风格要独树一帜，如图6-4所示。

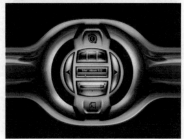

图6-4

6.2.2 创造性

前面已经提到过，播放器中的功能基本都相同，那我们应该如何从各种铺天盖地的UI界面中脱颖而出呢？答案是创意。相信很多人都在网上看到过各种创意绝妙的图标、按钮和各种界面，这些作品往往充满了灵性，给浏览者带来强烈的情感共鸣和视觉震撼力，令人过目难忘，如图6-5所示。

图6-5

图6-5（续）

6.2.3 视觉冲击力

如果说创意性是针对播放器整体外观和功能而言的，那么视觉冲击力无疑就是尽力强调视觉效果了。随着生活质量不断提高，人们对与精神层面的要求越来越高，对美的追求也越来越高，人们渴望看到更多纹理清晰、质感逼真的播放器界面，而一个友好精美的播放器界面也确实会给用户带来极大的视觉享受，如图6-6所示。

图6-6

6.3 情感化因素不可忽视

人有喜、怒、哀、乐等丰富情感，这些情感往往主宰着人的行为，而设计传递着一种情感交流，需要引起情感共鸣，这样才能很容易诱发使用和购买行为。情感设计从消费者的情感角度出发去理解消费者的情感需求，激发消费者的情感，引起他们使用的欲望，如图6-7所示。

播放器的主体部分使用了一种很逼真的金属质感效果，这是通过图层样式制作的。总体来说，该实例并没有太大的难点。最终效果如图6-9所示。

图6-9

使用到的技术	渐变工具、文字工具、形状工具、图层样式
学习时间	45分钟
视频地址	视频\第6章\绘制黑色时尚播放器.swf
源文件地址	源文件\第6章\绘制黑色时尚播放器.psd

01 执行"文件>新建"命令，弹出"新建"对话框，新建一个文档，如图6-10所示。使用"圆角矩形工具"在画布中央创建一个"半径"为15像素的圆角矩形并填充线性渐变，如图6-11所示。

图6-10

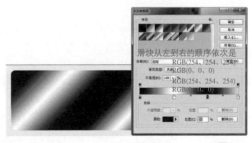
图6-11

02 双击该图层缩览图，弹出"图层样式"对话框，选择"混合模式"选项设置参数值，如图6-12所示。选择"描边"选项设置参数值，如图6-13所示。

"怀旧经典"的播放器

"精致优雅"的播放器
图6-7

在设计中将感情赋予产品，就是将自己的情绪通过各种色彩、形态等造型语言表现在产品上，这样，产品将不再是冷冰冰的，而是包含了丰富的情感和深刻的思想。使用者选择这款播放器更多是出于喜欢，而不仅仅是为了使用，因为播放器的功能都差不多，如图6-8所示。

"方便快捷"的播放器

"时尚个性"的播放器
图6-8

实战23 绘制黑色时尚的播放器

该实例主要制作了一款时尚的黑色播放器。该

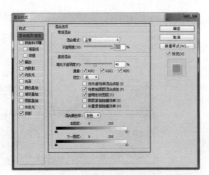

图6-12

图6-13

03 继续在"图层样式"对话框中选择"内发光"选项设置参数值，如图6-14所示。选择"投影"选项设置参数值，如图6-15所示。

图6-14

图6-15

04 设置完成后单击"确定"按钮，得到图形效果，如图6-16所示。复制"圆角矩形1"至图层最

上方，并填充为黑色适当调整其大小，如图6-17所示。

图6-16

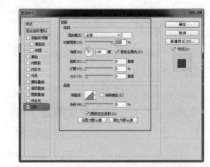

图6-17

05 打开"图层样式"对话框，选择"投影"选项设置参数值，如图6-18所示。使用"圆角矩形工具"绘制圆角矩形填充渐变色并使用"直接选择工具"调整其形状，图像效果如图6-19所示。

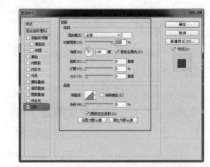

图6-18

图6-19

06 选中除背景之外的全部图层，按快捷键【Ctrl+G】将其编组，并重命名为"底"，如图6-20所示。使用"椭圆工具"绘制创建一个正圆，如图6-21所示。

图6-20

图6-21

⑦ 打开"图层样式"对话框，选择"描边"选项设置参数值，如图6-22所示。图像效果如图6-23所示。

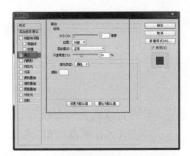

图6-22

图6-23

⑧ 复制"椭圆1"至图层最上方，清除图层样式，填充为径向渐变，并适当调整其大小，如图6-24所示。使用同样的方法绘制按钮的高光部分，如图6-25所示。

图6-24　　　　　　　图6-25

⑨ 使用"多边形工具"绘制等边三角形并填充白色，如图6-26所示。打开"图层样式"对话框，选择"外发光"选项设置参数值，如图6-27所示。

图6-26

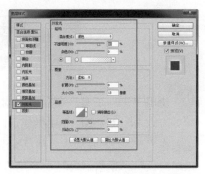

图6-27

⑩ 图像效果如图6-28所示。使用相同的方法绘制按钮的其他部分，如图6-29所示。

图6-28　　　　　　　图6-29

⑪ 将相关图层，按快捷键【Ctrl+G】编组，重命名为"播放按钮"如图6-30所示。使用相同方法制作旋转按钮，如图6-31所示。

图6-30　　　　　　　图6-31

⑫ 打开"字符"面板，设置字符属性，如图6-32所示，然后使用"横排文字工具"在播放器中输入相应的文字，如图6-33所示。

图6-32

图6-33

⑬ 使用"矩形工具"在底图中创建一个"填充"为RGB(101、101、101)的矩形,如图6-34所示。在"选项"栏中设置"路径操作"为"减去顶层形状",创建出如图6-35所示的图形。

 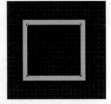

图6-34　　　　　　图6-35

⑭ 使用"矩形工具"创建出如图6-36所示的形状。使用相同的方法绘制其他图形,效果如图6-37所示。

 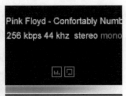

图6-36　　　　　　图6-37

⑮ 将相关图层编组,将其重命名为"音量、显示",如图6-38所示。使用相同的方法绘制其他图形,效果如图6-39所示,并编组为"加、减、停",如图6-40所示。

图6-38　　　　　　图6-39

图6-40

⑯ 设置完成后关闭面板,至此完成该播放器的全部操作过程,最终效果如图6-41所示。

图6-41

6.4 Photoshop CC中的滤镜

在Photoshop CC中,滤镜具有强大的图像编辑能力,了解各种滤镜的特点后,就能制作出让人耳目一新的作品。滤镜分类放置在"滤镜"菜单中,且绝大多数滤镜对话框都提供了预览功能,它可以帮助用户快速预览滤镜效果。

6.4.1 什么是滤镜

Photoshop CC中的滤镜是一种插件模块,通过不同的方式改变像素数据,以达到对图像进行抽象、艺术化的特殊处理效果。

位图是由像素构成的,每一个像素都有固定的位置和颜色值,滤镜就是通过改变像素的位置或颜色来生成各种特殊效果的。

6.4.2 滤镜的类型

Photoshop CC中的滤镜分为3种类型。第1种是修改类滤镜,它们可以修改图像的像素,如"滤镜库"中的相关滤镜;第2种是复合类滤镜,它们有自己的工具和独特的操作方法,如"液化"和"消失点"滤镜;第3种是创造类滤镜,不需要借助任何像素就可以产生滤镜的效果，只有"云彩"滤镜是创造类滤镜。

> 提示：Photoshop CC除了自身拥有数量众多的滤镜外，还可以使用由其他公司开发的滤镜，这些滤镜被称为外挂滤镜，它们为Photoshop创建特殊效果提供了更多的解决办法。

6.4.3 使用滤镜的注意事项

滤镜虽然用法简单，但是真正使用起来对图像做出好的效果却比较困难，因此在使用滤镜时应注意以下几点。

- 使用滤镜处理图层中的图像时，该图层必须是可见的。如果创建了选区，滤镜只应用于选区内的图像，如图6-42所示。没有创建选区，则应用于当前图层，如图6-43所示。

图6-42　　　　　图6-43

- 滤镜可以应用在图层蒙版、快速蒙版和通道中。如图6-44所示为对快速蒙版使用"墨水轮廓"滤镜的效果。

图6-44

- 只有"云彩"滤镜可以应用在没有像素的区域，其他滤镜都必须应用在包含像素的区域，否则不能使用。
- RGB颜色模式的图像可以使用全部滤镜，部分滤镜不能用于CMYK颜色模式的图像，索引模式和位图模式的图像不能使用滤镜。如

果需要对位图、索引或CMYK颜色模式的图像应用一些特殊滤镜，可先将其转换为RGB颜色模式，再进行处理。

- 要将文字转换为图形后，才可以应用滤镜。

6.4.4 滤镜的种类和用途

在Photoshop CC中，滤镜分为内置滤镜和外挂滤镜两个类别。其中，内置滤镜是Photoshop自身提供的各种滤镜种类，而外挂滤镜则是由其他厂商研发的滤镜，需要安装在Photoshop CC中才能使用。

Photoshop CC中所有的滤镜种类都在"滤镜"菜单中，如图6-45所示。其中，"滤镜库""自适应广角""镜头校正""液化""消失点"等特殊滤镜被单独列出，其他滤镜则依据其主要功能分别放置在不同类别的滤镜组中。如果安装了外挂滤镜，则外挂滤镜会在"滤镜"菜单的底部出现。

图6-45

内置滤镜主要有两种用途。一种主要是用于创建具体的图像特效，比如可以生成粉笔画、图章、纹理和波浪等各种特殊效果；内置滤镜的效果最多，并且绝大多数都包含在"风格化""模糊""扭曲""锐化""视频""像素化""渲染"和"杂色"滤镜组中，除了模糊、锐化以及其他少数滤镜外，基本上都是通过"滤镜库"来加以管理和应用的。

另一种主要是用于编辑图像，比如减少图像的杂色、提高图像清晰度等，这些滤镜分类放置在"模糊""锐化"和"杂色"等滤镜组中；另外，"液化""消失点"和"镜头校正"也属于该种滤镜，这3种滤镜比较特殊，它们拥有强大的功能，属于编辑图像的工具并具有独特的操作方式，更像是独立的软件。

6.5 认识滤镜库

在Photoshop CC中，滤镜库是一个整合了许多种滤镜的对话框，它可以将一个或多个滤镜应用在图像上，也可以对同一个图像多次应用同一种滤镜，还可以使用对话框中的其他滤镜替换原来的滤镜。

执行"滤镜>滤镜库"命令，会弹出"滤镜库"对话框，如图6-46所示。在该对话框中可通过选择相应滤镜的图标，对滤镜进行选择和设置。下面对"滤镜库"对话框进行详细的介绍。

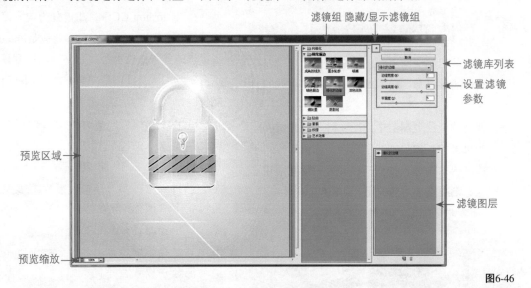

图6-46

课堂练习

01 执行"滤镜>滤镜库"命令，在弹出的"滤镜库"对话框中选择一个滤镜效果，该滤镜就会出现在对话框右下角的已应用滤镜列表中，如图6-47所示。单击"新建效果图层"按钮，即可添加一个效果图层，如图6-48所示。

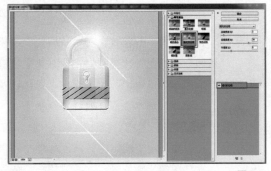

图6-47

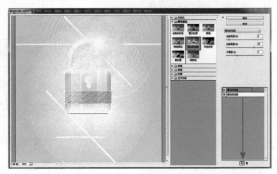

图6-48

02 添加效果图层后，可以选择需要应用的另一个滤镜，重复此操作即可为图像添加多个滤镜，图像效果也会变得更加丰富，如图6-49所示。

03 滤镜效果图层与图层的编辑方法相同，单击并上下拖动即可调整其叠放顺序，并且滤镜效果也会发生变化，如图6-50所示。

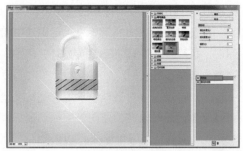

图6-49

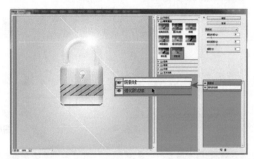

图6-50

6.6　常见的滤镜

滤镜主要用来在文档中创建特殊效果，是Photoshop中不可或缺的重要功能。用户不仅可以使用Photoshop自带的滤镜来创建各种艺术效果，还可以载入第三方滤镜插件进行使用。本节将对几个常用滤镜进行介绍。

高斯模糊

"高斯模糊"命令可以为图像添加低频细节，常用于制作物体的投影。若要为图像应用"高斯模糊"效果，则先选中相应的图层，执行"滤镜>模糊>高斯模糊"命令，弹出"高斯模糊"对话框，如图6-51所示。

该对话框中只有一个参数，即半径，用于控制图像模糊程度。该值设置越高，图像模糊程度越明显。如图6-52所示为该命令的应用效果。

图6-51　　　　　　　　　　图6-52

> 提示："高斯模糊"命令也可只应用于选区中的像素。在"高斯模糊"对话框中使用光标拖动预览区域可以调整预览图像的范围。

径向模糊

"径向模糊"可以模拟缩放或旋转的相机所产生的模糊，产生一种旋转或放射性的模糊效果，用来制作光线是不错的选择。

若为图像应用"径向模糊"命令，则先选中相应的图层，执行"滤镜>模糊>径向模糊"命令，弹出"径向模糊"对话框，如图6-53所示。该对话框中的"模糊方法"选项用于选择对图像进行模糊的方式，选取"旋转"，沿同心圆环线模糊。选取"缩放"，沿径向线模糊，是在放大或缩小图像。

"中心模糊"选项用于手动设置图像的模糊中心，"数量"用于设置模糊程度。如图6-54所示为应用了"缩放"径向模糊的图像效果。

图6-53　　　　　　　　　　图6-54

云彩

"云彩"命令可以创建出自然的云彩效果，常常配合"滤色"混合模式为图像添加烟雾缭绕的效果。"云彩"命令的执行效果受"前景色"的影响，如图6-55所示分别为设置"前景色"为白色和RGB（28、116、8）时，该命令的应用效果。

图6-55

添加杂色

"添加杂色"命令可以在图像中添加随机像素，模拟在高速胶片上拍照的效果，很多人喜欢用它来制作背景纹理。

若要为图像应用"添加杂色"命令，则先选中相应的图层，执行"滤镜>杂色>添加杂色"命令，弹出"添加杂色"对话框，如图6-56所示。

该对话框中包括3个参数值：数量、分布和单色。"数量"选项用于设置在图像中添加杂色的多少；"分布"选项用于指定杂色分布的方法；勾选"单色"选项则仅将此滤镜应用于图像中的色调元素，不改变颜色。如图6-57所示为图像应用"添加杂色"滤镜效果。

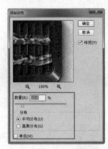

图6-56　　　　　　　　　　图6-57

镜头光晕

"镜头光晕"命令可以为图像添加自然逼真的光晕效果，达到渲染图像氛围的目的。该命令无法应用于不包含任何像素的空图层。

若要为图像添加光晕效果，则先选中相应的图层，执行"滤镜>渲染>镜头光晕"命令，弹出"镜头光晕"对话框，如图6-58所示。

用户可以在该对话框中设置"镜头类型"和"亮度"，还可以在预览图像中拖动鼠标调整光晕焦点，具体应用效果如图6-59所示。

图6-58　　　　　　　　　　图6-59

USM锐化

Photoshop CC的"滤镜>锐化"菜单下有5个锐化命令，其中"USM锐化"命令是使用最为频繁的。

若要为图像应用"USM锐化"命令，则先选中相应的图层，执行"滤镜>锐化>USM锐化"命令，弹出"USM锐化"对话框，如图6-60所示。该对话框中的"数量"用于控制锐化效果的强度；"半径"用于控制作为边缘进行强调的像素点的宽度；"阈值"用于决定多大反差的相邻像素的边界可被锐化，如图6-61所示。

图6-60　　　　　　　　　　图6-61

提示："USM 锐化"滤镜可以调整图像边缘的对比度，并在边缘的每侧生成一条亮线和一条暗线，造成边缘更加锐利的错觉。

实战24　绘制简约时尚的播放器

本实例制作了一款外形时尚简洁、颜色艳丽活泼的播放器。播放器中斜条纹装饰的制作部分略有难度。

这款播放器的配色非常简洁，大部分区域为白色和灰色等中性色，使用少量的玫瑰粉进行点缀。界面中使用的文字很少，形状也均为圆角，所以整体性比较好，给人简洁大方又青春活泼的感觉。最终效果如图6-62所示。

图6-62

使用到的技术	矩形工具、椭圆工具、图层样式、滤镜
学习时间	50分钟
视频地址	视频\第6章\绘制简约时尚的播放器.swf
源文件地址	源文件\第6章\绘制简约时尚的播放器.psd

01 执行"文件>新建"命令，弹出"新建"对话框，新建一个空白文档，如图6-63所示。使用"圆角矩形工具"在画布中创建一个"半径"为60像素的圆角矩形，颜色任意，如图6-64所示。

图6-63

图6-64

02 双击该图层缩览图，弹出"图层样式"对话框，选择"内阴影"选项设置参数值，如图6-65所示。继续在对话框中选择"渐变叠加"选项设置参数值，如图6-66所示。

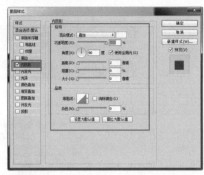

图6-65

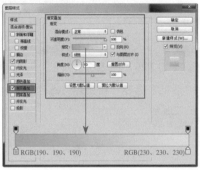

图6-66

03 最后在对话框中选择"投影"选项设置参数值，如图6-67所示。设置完成后单击"确定"按钮，得到图形效果，如图6-68所示。

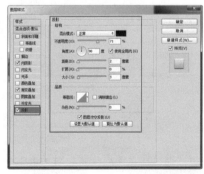

图6-67

图6-68

04 拖入外部纹理素材"002.jpg"，适当调整其位置。并载入下方形状的选区，按下【Alt】键为"图层1"添加蒙版，效果如图6-69所示。设置该图层"不透明度"为3%，纹理效果如图6-70所示。

图6-69

图6-70

05 复制"圆角矩形1"至图层最上方，并适当调整其大小，如图6-71所示。打开"图层样式"对话框，选择"内阴影"选项设置参数值，如图6-72所示。

图6-71

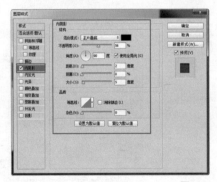

图6-72

06 继续在"图层样式"对话框中选择"投影"选项设置参数值，如图6-73所示。设置完成后修改该形状"填充"为RGB（132、132、132），图形效果如图6-74所示。

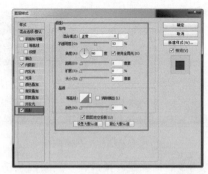

图6-73

图6-74

07 复制该形状，修改"填充"为黑色，并清除图层样式，如图6-75所示。使用"矩形工具"，设置"路径操作"为"减去顶层形状"，在黑色圆角矩形上创建一个矩形，并适当将其旋转，得到如图6-76所示的形状。

图6-75

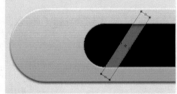

图6-76

08 多次复制矩形，并分别排列位置，图形效果如图6-77所示。修改该图层"不透明度"为8%，图形效果如图6-78所示。

图6-77

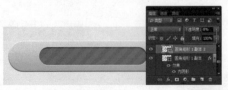

图6-78

提示：操作该步骤时使用"路径选择工具"单独选中矩形，按下【Alt】键拖动鼠标将其反复复制，而不是复制整个形状。

⑨ 使用"圆角矩形工具"创建一个"填充"为RGB（23、145、190），"半径"为30像素的圆角矩形，如图6-79所示。打开"图层样式"对话框，选择"内阴影"选项适当设置参数值，如图6-80所示。

图6-79

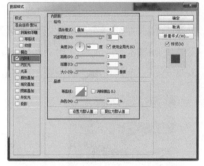

图6-80

⑩ 继续在"图层样式"对话框中选择"投影"选项设置参数值，如图6-81所示。设置完成后单击"确定"按钮，得到图形效果，如图6-82所示。

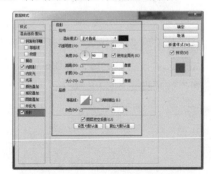

图6-81

图6-82

⑪ 复制"圆角矩形 2"图层得到"圆角矩形 2 副本"图层，打开"图层样式"对话框，选择"渐变叠加"选项适当设置参数值，如图6-83所示。效果如图6-84所示。

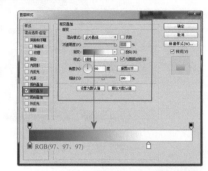

图6-83

图6-84

⑫ 使用相同方法完成相似内容的制作，如图6-85和图6-86所示。

图6-85   图6-86

⑬ 打开"字符"面板，设置字符属性，如图6-87所示，然后使用"横排文字工具"在播放器中输入相应的文字，如图6-88所示。

图6-87   图6-88

165

⑭ 打开"图层样式"对话框,选择"投影"选项适当设置参数值,如图6-89所示。设置完成后可以看到文字投影效果,如图6-90所示。

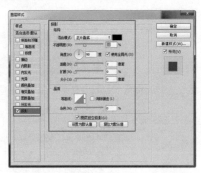

图6-89

图6-90

⑮ 选中图6-89除背景之外的全部图层,按快捷键【Ctrl+G】将其编组,并重命名为"底座",如图6-91所示。使用"圆角矩形工具"在播放器上创建一个"填充"为RGB(24、148、192),"半径"为30像素的圆角矩形,如图6-92所示。

图6-91   图6-92

⑯ 打开"图层样式"对话框,选择"内阴影"选项进行相应设置,如图6-93所示。选择"投影"选项进行相应设置,如图6-94所示。

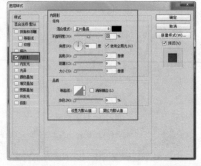

图6-93

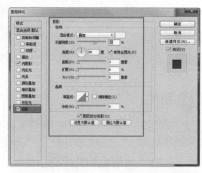

图6-94

⑰ 设置完成后单击"确定"按钮,得到图形效果,如图6-95所示。使用相同方法制作出另一个文本框和相关的文字,如图6-96所示。

图6-95   图6-96

⑱ 将相关图层编组,并将其重命名为"时间、收藏",如图6-97所示。使用"椭圆工具"在播放器左侧创建一个任意颜色的正圆,如图6-98所示。

图6-97   图6-98

⑲ 打开"图层样式"对话框,选择"渐变叠加"选项设置参数值,如图6-99所示。选择"投影"选项设置参数值,如图6-100所示。

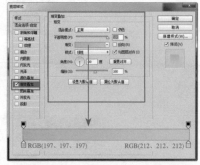

图6-99

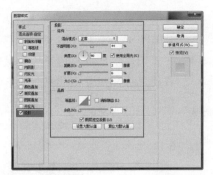

图6-100

⑳ 设置完成后单击"确定"按钮，得到图形效果，如图6-101所示。使用相同方法完成播放按钮其他部分的制作，如图6-102所示。

图6-101　　　　　　　图6-102

㉑ 将相关图层编组，将其重命名为"播放按钮"如图6-103所示。使用相同方法制作"音符按钮"，如图6-104所示。

图6-103　　　　　　　图6-104

㉒ 单击"图层"面板下方的"创建新的填充或调整图层"按钮 ，在弹出的菜单中选择"色相/饱和度"选项，如图6-105所示。在弹出的"属性"面板中调整各项参数的数值，如图6-106所示。

图6-105　　　　　　　图6-106

㉓ 设置完成后关闭面板，至此完成该播放器的全部操作过程，最终效果如图6-107所示。

图6-107

6.7 智能滤镜

智能滤镜作为图层效果出现在"图层"面板上，它不用改变图像中的像素就能达到与普通滤镜完全相同的效果，并且能够随时对该滤镜的参数进行修改或者将其删除。

在Photoshop CC中，智能滤镜与普通滤镜的区别在于，普通滤镜是通过修改图像的像素来达到滤镜的特殊效果的。

如图6-108所示为"拼贴"滤镜处理后的效果。从"图层"面板中的缩览图上可以看出，"背景"图层的像素已经被修改，如果执行保存并关闭该文件，则将无法恢复原来的效果。

图6-108

而智能滤镜是一种非破坏性的滤镜，它将滤镜效果应用在智能对象上，因此不会修改图像的像素，并且在使用智能滤镜之前应将图像转换为智能对象。

如图6-109所示为智能滤镜处理的"拼贴"效果，从图像上可以看到其效果与普通滤镜的效果完全一样，但是从"图层"面板上可以看出它是作为图层效果应用在图像上的。

图6-109

在"图层"面板中，智能滤镜包含了一个类似于图像样式的列表，其中显示了在图像上所应用的滤镜种类，单击智能滤镜前面的眼睛图标，即可将该滤镜隐藏，如图6-110所示。若将其删除，便可以恢复图像原来的效果，如图6-111所示。

图6-110　　　　　　　　　图6-111

6.8 智能对象

智能对象是包含栅格或矢量图像（如Illustrator文件）中的原始图像数据的图层。智能对象可以保留图像的源内容及其所有原始特性，方便用户对图层进行各种非破坏性编辑和操作，是很有用的功能。

用户无法对智能对象直接执行会改变像素数据的操作，如涂抹颜色、减淡和加深等，除非先将其栅格化。

6.8.1 创建智能对象

用户可以通过以下几种方式创建智能对象。

- 执行"文件>打开为智能对象"命令，将指定的文件以智能对象的形式打开。
- 执行"文件>置入"命令，将执行的文件以智能对象的形式添加到当前文档中。

- 直接将需要打开的文件从文件夹中拖动到打开的Photoshop文档中。
- 在"图层"面板中选择一个或多个图层，右击鼠标，在弹出的空间菜单中选择"转换为智能对象"选项，如图6-112所示，即可将选定的图层转换为智能对象，如图6-113所示。

图6-112

图6-113

> **提示**：若同时选中多个图层执行"转换为智能对象"命令，则所有被选中的图层会被放置在一个智能对象图层中，而不是为每个图层单独创建智能对象。

6.8.2 编辑智能对象

上一小节已经提到过，用户无法直接对智能图层进行各种修改像素的操作，除非将其栅格化。难道每次需要修改智能对象时都必须先将其栅格化，改好后再重新转为智能对象吗？

执行"文件>打开"命令，打开一个素材文档，并执行"图层>智能对象>转换为智能对象"命令将图标转换为智能对象，如图6-114所示。

图6-114

执行"图层>智能对象>编辑内容"命令，可以看到智能对象被单独隔离到一个新的文档窗口中了，如图6-115所示。执行"图像>调整>色相/饱和度"命令，在弹出的"色相\饱和度"对话框中适当调整参数值，如图6-116所示。

图6-115

图6-116

参数值设置完成后，按快捷键【Ctrl+S】保存文件，然后返回原始文档，可以看到图标已经由黄色变为紫色了，如图6-117所示，但该图层仍然是智能对象，并没有被栅格化，如图6-118所示，

图6-117　　　　　　图6-118

提示：若要多次编辑智能对象，则不要反复执行"编辑内容"命令，只需在隔离的文档中重新编辑对象，然后保存修改结果即可。

实战25　绘制音乐播放器界面

该实例主要制作了一款音乐播放器界面。该播放器界面的主体部分使用了一种很逼真的木质材料效果，运用了智能对象进行操作。总体来说，该实例步骤比较多但操作步骤相似。最终效果如图6-119所示。

图6-119

使用到的技术	渐变工具、文字工具、形状工具、图层样式
学习时间	60分钟
视频地址	视频\第6章\绘制音乐播放器.swf
源文件地址	源文件\第6章\绘制音乐播放器.psd

① 执行"文件>新建"命令，弹出"新建"对话框，新建一个文档，如图6-120所示。设置前景色为RGB（221、94、94），为画布填充前景色，如图6-121所示。

图6-120

图6-121

02 选择"图层 0"图层，单击鼠标右键，在弹出的快捷菜单中选择"转换为智能对象"命令，将其转换为智能对象，如图6-122所示。执行"滤镜>杂色>添加杂色"命令，在弹出的对话框中设置参数，如图6-123所示。

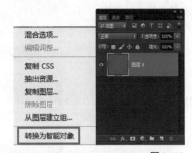

图6-122

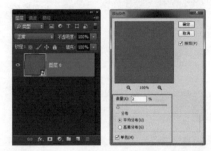

图6-123

03 新建一个3×3像素的文档，并使用"矩形工具"分别创建3个黑色矩形，如图6-124所示。隐藏"背景"图层，如图6-125所示。

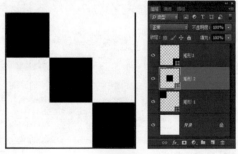

图6-124

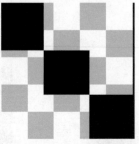

图6-125

04 执行"编辑>定义图案"命令，将画布中的形状定义为"图案1"，如图6-126所示。返回设计文档，打开"图层样式"对话框，选择"图案叠加"选项设置参数值，如图6-127所示。

图6-126

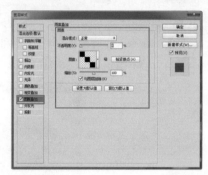

图6-127

05 图像效果如图6-128所示。将素材"木板材质1"拖入文档中调整图形大小及位置，设置该图层"不透明度"为75%，如图6-129所示。

图6-128

图6-129

06 新建"图层 2"，使用"矩形选框工具"建立选区，并为选区添加径向渐变，降低该图层的不透明度为25%，效果如图6-130所示。选中全部图层，按快捷键【Ctrl+G】将其编组，并重命名为"底"，如图6-131所示。

图6-130　　　　　　　　图6-131

07 打开"字符"面板，设置字符属性，如图6-132所示。使用"横排文字工具"在播放器中输入相应的文字，如图6-133所示。

图6-132

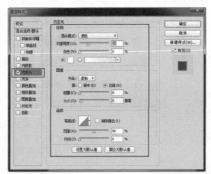

图6-133

08 打开"图层样式"对话框，选择"内发光"选项设置参数值，如图6-134所示。选择"渐变叠加"选项设置参数值，如图6-135所示。

图6-135

09 最后在对话框中选择"投影"选项设置参数值，如图6-136所示。设置完成后单击"确定"按钮，得到的图形效果如图6-137所示。

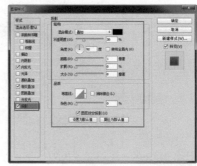

图6-136

图6-137

10 使用相同的方法绘制其他文字，效果如图6-138所示。图层面板如图6-139所示。

图6-138　　　　　　　　图6-139

11 使用"圆角矩形工具"和"椭圆工具"绘画如图6-140所示的图形。打开"图层样式"对话

图6-134

框，选择"斜面和浮雕"选项设置参数值，如图6-141所示。

图6-140

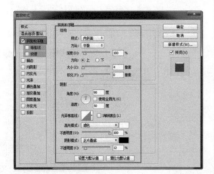

图6-141

⑫ 继续在"图层样式"对话框中选择"描边"选项设置参数值，如图6-142所示。选择"投影"选项设置参数值，如图6-143所示。

图6-142

图6-143

⑬ 图形效果如图6-144所示。使用"矩形选区工具"绘制矩形选区。填充颜色为RGB(239、239、239)，并为矩形添加"投影"样式。效果如图6-145所示。

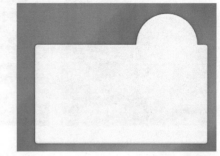

图6-144

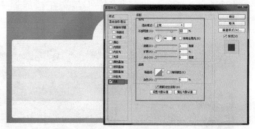

图6-145

⑭ 使用前面制作文字效果的方法绘制播放器上的文字，如图6-146所示。选中播放器图层，按快捷键【Ctrl+G】将其编组，并重命名为"播放器底"，如图6-147所示。

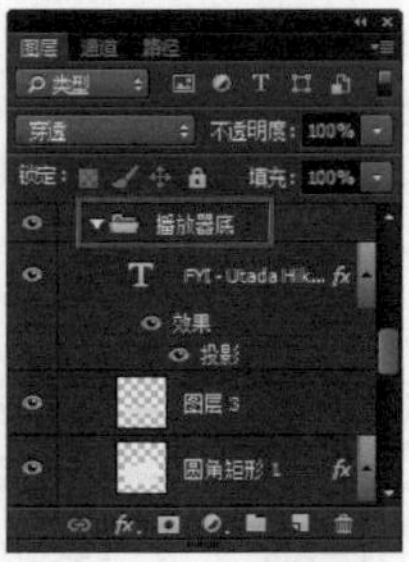

图6-146　　　　　　图6-147

⑮ 使用"圆角矩形工具"设置"工具模式"为"路径"，在播放器下方绘制圆角矩形路径，将路径转换为选区，填充任意颜色，如图6-148所示。打开"图层样式"对话框，选择"斜面和浮雕"选项设置参数值，如图6-149所示。

图6-148

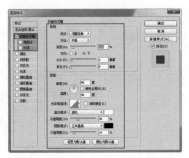

图6-149

⑯ 继续在"图层样式"对话框中选择"描边"选项设置参数值，如图6-150所示。效果如图6-151所示。

图6-150

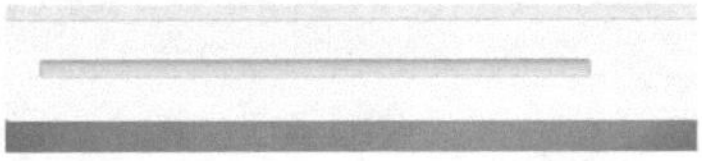

图6-151

⑰ 使用相同的方法绘制其他图形，如图6-152所示。使用文字工具绘制文字效果，如图6-153所示。

图6-152

2:32 - 3:40

图6-153

⑱ 将相关图层编组，并重命名为"进度条"，如图6-154所示。使用相同方法制作出"音量条"，如图6-155 所示。

图6-154

图6-155

⑲ 使用"自定义形状工具"绘制图形，填充颜色为（67、182、217），如图6-156所示。打开"图层样式"对话框，选择"投影"选项设置参数值，如图6-157所示。

图6-156

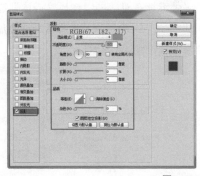

图6-157

⑳ 使用相同的方法绘制其他图形，如图6-158所示。将相关图层编组，并重命名为"播放形式"，如图6-159所示。

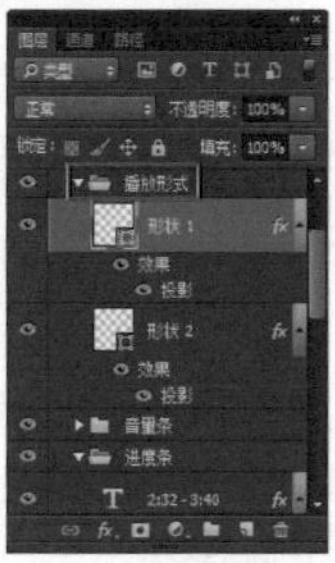

图6-158   图6-159

㉑ 使用"椭圆工具"绘制正圆，如图6-160所示。打开"图层样式"对话框，选择"斜面与浮雕"选项设置参数值，如图6-161所示。

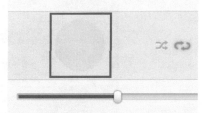

图6-160

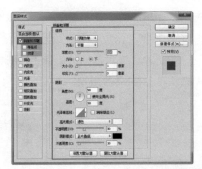

图6-161

㉒ 继续在对话框中选择"描边"选项设置参数值，如图6-162所示。选择"渐变叠加"选项设置参数值，如图6-163所示。

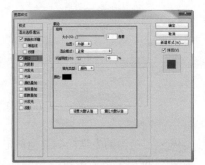

图6-162

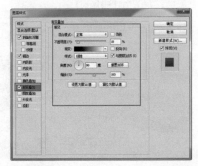

图6-163

㉓ 继续在"图层样式"对话框中选择"投影"选项设置参数值，如图6-164所示。图形效果如图6-165所示。

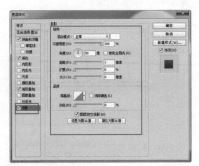

图6-164

图6-165

㉔ 复制"椭圆 1"得到"椭圆 1 拷贝"图层，调整图形的大小及图层样式如图6-166所示。使用"多边形工具"绘制三角形，并添加"投影样式"，如图6-167所示。

图6-166

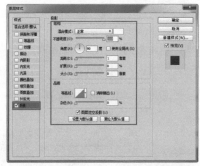

图6-167

㉕ 单击"确定"按钮，图形效果如图6-168所示。将相关图层进行编组，重命名为"暂停按钮"，如图6-169所示。

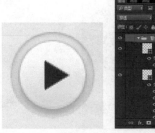

图6-168　　　图6-169

㉖ 使用相同的方法绘制"上一首"、"下一首"按钮，如图6-170所示。将相关图层进行编组，重命名为"播放按钮"，如图6-171所示。

图6-170　　　　　　图6-171

㉗ 将素材"照片"拖入设计文档中，如图6-172所示。打开"图层样式"对话框，选择"颜色叠加"选项设置参数值，如图6-173所示。

图6-172

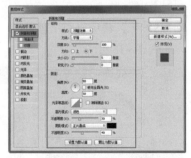

图6-173

㉘ 继续在"图层样式"对话框中选择"颜色叠加"选项设置参数值，如图6-174所示。图形效果如图6-175所示。

图6-174

图6-175

㉙ 使用"椭圆工具"绘制正圆并调整其形状，调整该图层的不透明度为20%，如图6-176所示。打开"图层样式"对话框，选择"颜色叠加"选项设置参数值，如图6-177所示。

图6-176

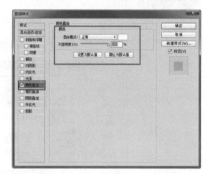

图6-177

㉚ 图形效果如图6-178所示。将相关图层进行编组，重命名为"头像"，如图6-179所示。

图6-178　　　　　　图6-179

㉛ 31. 使用"多边形工具"绘制五角星并将其填充为白色，如图6-180所示。打开"图层样式"

对话框，选择"斜面和浮雕"选项设置参数值，如图6-181所示。

图6-180

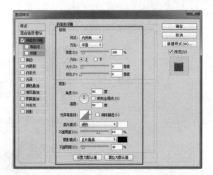

图6-181

㉜ 继续在"图层样式"对话框中选择"斜面和浮雕"选项设置参数值，如图6-182所示。选择"斜面和浮雕"选项设置参数值，如图6-183所示。

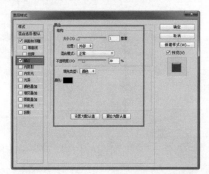

图6-182

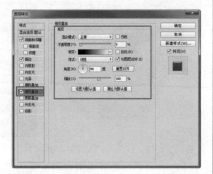

图6-183

㉝ 图形效果如图6-184所示。重复复制该图层调整位置绘制如图6-185所示的图形。

图6-184   图6-185

㉞ 使用"多边形工具"绘制填充颜色为"无"，描边颜色为白色的五角星，如图6-186所示。并为其添加与前面五角星相同的图层样式，图形效果如图6-187所示。

图6-186   图6-187

㉟ 复制该形状并调整图形的大小及位置，如图6-188所示。将所有的星形编组，重命名为"星星"如图6-189所示。

图6-188   图6-189

㊱ 将星星、头像、播放按钮、播放形式、音量条、进度条和播放器底再次进行编组，重命名为"播放器"，如图6-190所示。设置完成后关闭面板，至此完成该播放器的全部操作过程，最终效果如图6-191所示。

图6-190　　　　　　　　　　　图6-191

6.9　色彩范围与快速蒙版

前面的章节中已经介绍了几种较为简单的选区创建方法，如"椭圆选框工具"、"套索工具"和"钢笔工具"等。本章节将介绍两种用于在图像中创建复杂选区的命令。"色彩范围"和"快速蒙版"，这两个命令常被用于抠图。

6.9.1　色彩范围

"色彩范围"命令的选取规则是选择现有选区或整个图像内指定的颜色或颜色子集，下面是使用"色彩范围"命令创建选区的具体步骤。

执行"选择>色彩范围"命令，弹出"色彩范围"对话框，如图6-192所示。使用对话框右下角的"吸管工具" 单击图像中需要选取的图像颜色，如图6-193所示。

图6-192

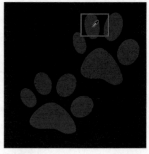

图6-193

在对话框中适当调整各项参数，然后单击"确定"按钮，图像中相同或相近的颜色就会被包含在选区中，如图6-194所示。将选区中的图像复制出来，并隐藏其他图层，图形就被完美地抠出来了，如图6-195所示。

图6-194　　　　　　　　　图6-195

6.9.2　快速蒙版

"快速蒙版"常用于抠出背景极为复杂，无法使用常规工具和命令创建选区抠出主体的图像。"快速蒙版"允许用户将选区作为蒙版来编辑，它的优点是几乎可以使用任何 Photoshop工具或滤镜修改蒙版。

双击"工具箱"下方的"以快速蒙版模式编辑"按钮 ，弹出"快速蒙版选项"对话框，如图6-196所示。用户可以在该对话框中指定蒙版区域或所选区域的显示颜色及不透明度，如图6-197所示。

图6-196

图6-197

设置完成后单击"确定"按钮，然后使用"画笔工具"在需要选区的区域涂抹，如图6-198所示，可以看到涂抹区域呈现黑色半透明状。涂抹完成后单击"以标准模式编辑"按钮 ▣，涂抹区域就被转为选区，如图6-199所示。

图6-198

图6-199

6.10 调整图层与调整命令

UI图形界面制作完成后，对界面整体色调做细微调整和润饰也是极为必要的，这部分工作通常使用各种调整命令来完成。

前面的章节中已经提到过，Photoshop中调整命令的执行方法有两种，分别是直接在图层上执行命令和创建调整图层。本节将为用户介绍两种较为常用的调整命令："照片滤镜"和"色彩平衡"。

6.10.1 创建调整图层

若要为图像添加调整图层，则先选中相应的图层，单击"图层"面板下方的"创建新的填充或调整图层"按钮 ◉，然后在弹出的菜单中选择需要的命令，如图6-200所示，即可在当前图层上方创建调整图层。

除此之外，用户也可以通过执行"图层>新建调整图层"命令来创建新的调整图层，如图6-201所示。

图6-200   图6-201

6.10.2 照片滤镜

"照片滤镜"命令可以模拟在相机镜头前加彩色滤镜，以调整通过镜头传输的光的色温，从而使胶片曝光的效果。

执行"图像>调整>照片滤镜"命令，弹出"照片滤镜"对话框，如图6-202所示。单击"图层"面板下方的"创建新的调整图层"按钮，在弹出的菜单中选择"照片滤镜"命令，弹出"属性"对话框，如图6-203所示。

图6-202   图6-203

6.10.3 色彩平衡

"色彩平衡"命令可以用来控制图像的颜色

分布，使图像整体达到色彩平衡，常被用于校正色偏。

执行"图像>调整>色彩平衡"命令，或直接按快捷键【Ctrl+B】，打开"色彩平衡"对话框，如图6-204所示。单击"图层"面板下方的"创建新的调整图层"按钮，在弹出的菜单中选择"色彩平衡"命令，弹出"属性"对话框，如图6-205所示。

图6-204　　　　　　　图6-205

调整图像颜色时，根据颜色的补色原理，要减少某个颜色，就增加这种颜色的补色。如图6-206所示为该调整命令的具体使用效果。

图6-206

提示：Photoshop中互补色的理论应用很广泛，各种调整命令中常用的4组互补色为红—青、绿—洋红、蓝—黄和黑—白。

6.10.4　强大的"调整边缘"

"调整边缘"功能可以大幅提高选区边缘的品质，它允许用户以不同的背景查看选区以便于编辑操作，经常被用于抠出头发、细碎的树枝和半透明物体。该命令只有在图层中包含选区的情况下才可用。

课堂练习

打开一张素材图像，并使用"快速选择工具"沿着人物轮廓大致创建选区，如图6-207所示。在"选项"栏中单击"调整边缘"按钮，弹出"调整边缘"对话框，并对各项参数值进行设置，如图6-208所示。

图6-207　　　　　　　图6-208

使用对话框左侧的"调整半径工具" 反复涂抹人物头发边缘，以精确调整发生边缘调整的边界区域，如图6-209所示。继续使用"调整半径工具"涂抹人物头发，直至细碎的发丝自然地显示出来，如图6-210所示。

图6-209

图6-210

提示："快速选择工具"和"调整边缘"是公认的抠发丝的最佳组合，前者用于在图像中快速创建大致的选区，后者用于精确调整选区边缘细节。

6.11 调整图层与调整命令的不同之处

调整图层是一种比较特殊的图层。这种类型的图层主要用来控制色调和色彩的调整，它可以将调整应用于它下面的所有图层。将一个图层拖动到调整图层的下面，便会对该图层产生影响；将调整图层下面的图层拖动到调整图层的上面，则可排除对该图层的影响。如果想要对多个图层进行相同的调整，则可以在这些图层上面创建一个调整图层，通过调整图层来影响这些图层，而不必分别调整每个图层。

在Photoshop中执行"图像>调整"命令来编辑图像，可以通过使用"颜色取样器工具""直方图"面板和"信息"面板查看图像的色调等相关信息，通过对图像信息的分析可以判断图像的色调分布是否正常，再对图像进行调整。其中调整命令包含了"自动色阶"命令、"可选颜色"命令、"反相"命令、"色调均分"命令、"色阶"命令、"曲线"命令等二十多种命令。

调整命令与调整图层两者之间有联系也有区别，在这里我们主要讲解两者的不同之处。

- 灵活性：调整图层中包括的色阶和曲线调整等应用功能可以变成一个调整图层单独存放到文件中，使得其可以修改或设置，但不会永久性地改变原始图像，从而保留了图像修改的弹性。使用"图像>调整"命令的方法来编辑图像，实际上是在对活动图层上的图像做永久性修改，这种操作方法缺乏灵活性。
- 蒙版：应用调整图层中的任何一个选项都有蒙版，可以方便我们的修改、设置和保存；而调整命令是没有蒙版的，需要添加蒙版。

实战26 绘制黑色时尚播放器

该实例主要制作了一款黑色时尚的播放器。该播放器的主体部分使用了一种很逼真的布纹效果，这是通过图案填充制作的。总体来说，该实例并没有太大的难点。最终效果如图6-211所示。

图6-211

使用到的技术	渐变工具、文字工具、形状工具、图层样式
学习时间	45分钟
视频地址	视频\第6章\绘制黑色时尚播放器.swf
源文件地址	源文件\第6章\绘制黑色时尚播放器.psd

01 执行"文件>新建"命令，弹出"新建"对话框，新建一个文档，如图6-212所示。使用"渐变工具"为画布填充径向渐变，填充效果如图6-213所示。

图6-212

图6-213

02 右击该图层缩览图，在弹出的菜单中选择"转换为智能对象"选项，将其转换为智能对象，如图6-214所示。使用"圆角矩形工具"在画布中创建一个"半径"为10像素的黑色圆角矩形，如图6-215所示。

图6-214

图6-215

03 新建一个3×3像素的文档，并使用"矩形工具"分别创建3个黑色矩形，如图6-216所示。隐藏"背景"图层，如图6-217所示。

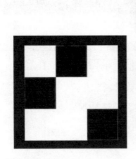

图6-216

图6-217

04 执行"编辑>定义图案"命令，将画布中的形状定义为"图案1"，如图6-218所示。返回设计文档，打开"图层样式"对话框，选择"描边"选项设置参数值，如图6-219所示。

图6-218

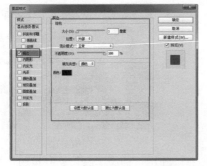

图6-219

05 继续在"图层样式"对话框中选择"内阴影"选项设置参数值，如图6-220所示。选择"渐变叠加"选项设置参数值，如图6-221所示。

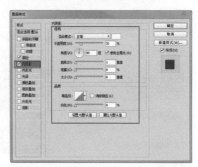

图6-220

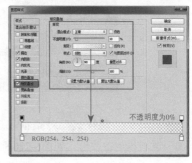

图6-221

06 继续在"图层样式"对话框中选择"图案叠加"选项设置参数值，如图6-222所示。选择"投影"选项设置参数值，如图6-223所示。

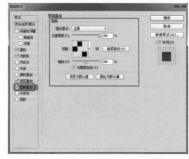

图6-222

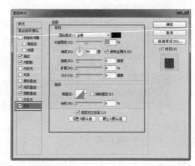

图6-223

07 设置完成后单击"确定"按钮，设置该图层"填充"为70%，效果如图6-224所示。使用"矩形工具"在圆角矩形上半部分创建一个矩形，并将其创建剪贴蒙版，如图6-225所示。

式"对话框，选择"描边"选项设置参数值，如图6-229所示。

图6-224

图6-225

08 打开"图层样式"对话框，选择"渐变叠加"选项设置参数值，如图6-226所示。设置完成后单击"确定"按钮，并修改该图层"填充"为0%，如图6-227所示。

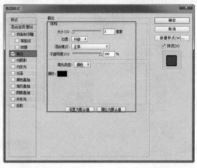

图6-229

10 效果如图6-230所示。将素材"照片2.jpg"拖入到设计文档中的合适位置，按快捷键【Ctrl+Shift+G】创建剪贴蒙版，效果如图6-231所示。

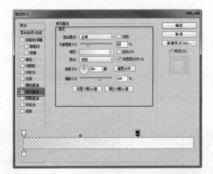

图6-226

图6-230

图6-227

图6-231

09 使用"圆角矩形工具"绘制"半径"为10像素的正圆角矩形，如图6-228所示。打开"图层样

11 使用"椭圆工具"绘制正圆，如图6-232所

示。打开"图层样式"对话框，选择"内阴影"
选项设置参数值，如图6-233所示。

图6-232

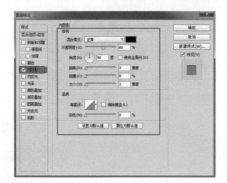

图6-233

⑫ 继续在"图层样式"对话框中选择"投影"
选项设置参数值，如图6-234所示。图像效果如图
6-235所示。

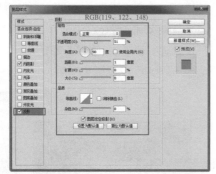

图6-234

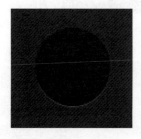

图6-235

⑬ 复制"椭圆 1"得到"椭圆 1 拷贝"调整正
圆的位置及大小，重新定义图层样式，效果如图

6-236所示。使用"多边形工具"绘制三角形并填
充为RGB（79、5、3），如图6-237所示。

图6-236

图6-237

⑭ 打开"图层样式"对话框，选择"渐变叠
加"选项设置参数值，如图6-238所示。图像效果
如图6-239所示。

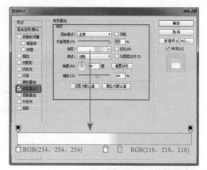

图6-238

图6-239

⑮ 将相关图层，按快捷键【Ctrl+G】将其编组，
重命名为"暂停按钮"，如图6-240所示。使用相
同的方法绘制其他按钮，效果如图6-241所示。

图6-240

图6-241

用"圆角矩形工具"在播放器下方创建一个任意颜色的圆角矩形，如图6-242所示。打开"图层样式"对话框，选择"内发光"选项设置参数值，如图6-243所示。

图6-242

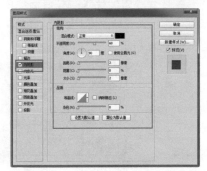

图6-243

(16) 继续在"图层样式"对话框中选择"投影"选项设置参数值，如图6-244所示。图形效果如图6-245所示。

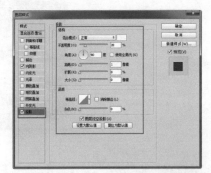

图6-244

图6-245

(17) 使用"圆角矩形工具"在该形状上方再创建一个"填充"为白色的圆角矩形，如图6-246所示。打开"图层样式"对话框，选择"图案叠加"选项设置参数值，如图6-247所示。

图6-246

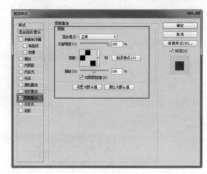

图6-247

(18) 图像效果如图6-248所示。将相关图层进行编组，重命名为"进度条"，如图6-249所示。

图6-248　　　　　图6-249

(19) 使用绘制"进度条"及按钮的方法绘制"音量条"，效果如图6-250所示。打开"字符"面板，设置字符属性，如图6-251所示。

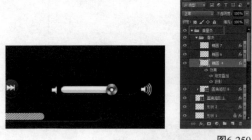

图6-250

图6-251

⑳ 使用"横排文字工具"在播放器中输入相应的文字,如图6-252所示。打开"图层样式"对话框,选择"投影"选项设置参数值,如图6-253所示。

衬托出来。最终效果如图6-258所示。

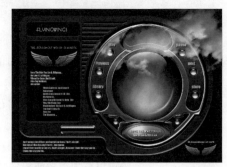

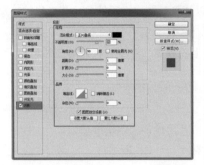

图6-252

图6-253

图2-258

源文件地址:源文件\第6章\绘制华丽复杂的播放器.PSD
视频地址:视频\第6章\绘制华丽复杂的播放器.SWF

1. 新建画布使用"钢笔工具"绘制播放器的底座。

2. 使用"椭圆工具"绘制不同大小的正圆并创建图层样式,创建水晶质感按钮。

3. 使用"滤镜"为水晶球体进行渲染和调色。

4. 使用"横排文字工具"输入文字并为文字添加样式。

㉑ 图像效果如图6-254所示。使用相同的方法绘制其他文字,效果如图6-255所示。

图6-254

图6-255

㉒ 使用"多边形工具"多次绘制五角星形状,如图6-256所示。至此完成该播放器的全部操作过程,最终效果如图6-257所示。

图6-256

图6-257

6.13 本章小结

本章主要讲解了有关播放器界面设计的理论知识和实际操作技巧。播放器界面的设计原则有统一性、创意性和视觉冲击力。此外,更多地融入舒适性、可靠性和个性化理念有助于提升用户体验。

另外,对Photoshop CC中的滤镜进行了介绍,并且详细讲解了一些常用滤镜的应用,在图像中创建复杂选区的命令及调整图像和图层的方法。通过本章的学习,希望用户能够在制作过程中掌握滤镜的使用方法,并能够灵活运用调整图层和图层的技巧。

6.12 扩展练习

本实例制作了一款外观华丽复杂的播放器界面。其中操作盘的制作很考验创建和编辑形状的功力。

这款播放器的配色极为简单,底色为接近中性色的深紫色,通过明度的变化调整版面,操作盘中心的蓝色水晶球和白色的文字被最大限度地

第6章 练习题

一、填空题

1. 播放器界面设计和制作出来的目的就是为了方便用户使用，所以一款成功的播放器界面不仅需要有美观的外形，更要追求人性化和操作舒适性。这就是所谓的（　　　　）。

2. 在设计中将感情赋予产品，将自己的情绪通过各种(　　　　　　)等造型语言表现在产品上。

3. （　　　　），通过不同的方式改变像素数据，以达到对图像进行抽象、艺术化的特殊处理效果。

4. 使用滤镜处理图层中的图像时，该图层必须是(　　　　)。

5. (　　　　)可以模拟缩放或旋转的相机所产生的模糊，产生一种旋转或放射性的模糊效果，用来制作光线是不错的选择。

二、选择题

1. （　）主要指用户可以自由做出选择，并且所有选择都应该是可逆的。
　　 A. 可靠性　　　 B. 自主性　　　 C. 个性化　　　 D. 舒适性

2. （　）是指播放器界面中各个元素的风格应该协调统一，这是任何类型的UI设计都应该遵循的原则。
　　 A. 一致性　　　 B. 统一性　　　 C. 协调统一性　 D. 自由性

3. 滤镜分为（　）种类型。
　　 A. 6　　　　　 B. 2　　　　　 C. 3　　　　　 D.4

4. （　）选项用于手动设置图像的模糊中心。
　　 A. 中心模糊　　 B. 径向模糊　　 C. 数量　　　　 D. 缩放

5. （　）命令可以为图像添加自然逼真的光晕效果，达到渲染图像氛围的目的。该命令无法应用于不包含任何像素的空图层。
　　 A. 滤镜　　　　 B. 镜头光晕　　 C. 镜头类型　　 D. 添加杂色

三、简答题

播放器界面的协调统一性是指什么？